めだかのすべてがわかる
めだかの
飼い方 ふやし方

アクアライフ編集部　編

はじめに

　用水路や田んぼなど、人間と関わりのある場所で生活するメダカは、古くから日本人に親しまれ、誰もが知っている魚です。現在では自然破壊などによって、野生のメダカは見つけにくくなりましたが、今でも日本の水辺を代表する魚といってよいでしょう。

　飼いやすく、繁殖も簡単なメダカは、以前から観賞魚としても楽しまれてきました。江戸時代には、すでにヒメダカを飼育していたという記録もあるほどです。

　誰もが楽しめる入門者向けというイメージのあるメダカですが、最近になってちょっとした変化が起きています。古くから親しまれたヒメダカに加え、様々な色や形をした改良品種が次々と生み出され、注目を集めているのです。

　色とりどりのメダカは美しく、交配させてより美しいものを生み出せることもあって、今やメダカ飼育は、大人から子供まで楽しめる趣味として、成長しつつあります。

　本書では、これまで魚を飼ったことのない人でも安心してメダカを飼えるよう、飼育の基本から、世話の仕方、子供の採り方まで、細かくていねいに解説しています。それに加え、自然界での生態や歴史、近年注目を集めているメダカの保護まで、メダカに関するあらゆる情報を集めました。

　ぜひ、メダカ飼育の友としてお役立てください。

CONTENTS

はじめに	2
メダカの楽しみ	6
いろいろなメダカ	8
メダカを飼うために必要なもの 〜屋内飼育編〜	22
メダカのための水槽レイアウト	30
メダカ水槽をセットしよう	38
メダカの飼い方	42

 メダカの好む水…42
 餌と与え方…45
 水槽のメンテナンス…48
 上手に飼うポイント…50
 メダカといっしょに飼える生き物…52
 育てやすい水草…53

庭やベランダでメダカを飼おう	54

 屋外飼育の楽しみ…54
 メダカのビオトープづくり…56
 屋外での飼育例…60
 屋外飼育のポイント…63
 使える植物…65

メダカを繁殖させてみよう …………… 66

外国のメダカ……………………………… 76

メダカの採集……………………………… 79

メダカの病気……………………………… 82

メダカの生態……………………………… 84

メダカの進化と多様性 …………………… 94

メダカの保護を考えよう ………………… 100

メダカの遺伝子 …………………………… 103

メダカの飼育Q&A ……………………… 108

メダカの楽しみ

飼う メダカと聞くと、小さくて弱々しいイメージのある人も多いでしょう。ところが、実はメダカはとても丈夫で、はじめて魚を飼う場合にもおすすめの魚です。水槽で飼っていると、スイスイと泳ぎまわり餌を食べる姿や、メスへの情熱的なアピールなど、いろんな姿が観察でき、飽きることがありません

殖やす うまく飼うことができれば、やがてメダカは卵を産んでくれます。卵から育てあげたメダカは、やはりかわいいものです。コツを覚えれば、メダカの繁殖は簡単。たくさんふやして、メダカの学校をつくりましょう

観賞する ヒメダカをはじめとする改良メダカは、どれも美しい色彩をもっていますし、野生のメダカもしっかり育てれば、意外なほどの輝きを見せてくれるでしょう。人によく馴れるメダカは、観賞するのにも向いています

ずんぐりした姿がかわいいちぢみメダカ。こんなメダカもいます

採集する 数が減ったと言われますが、意外と都心に近い場所でも、メダカのくらす川が見つかることもあります。童心にかえってメダカ採りを楽しんでみましょう。飼うなら乱獲はひかえ、少数だけにとどめてください

いろいろなメダカ

メダカは人間と付き合いの長い魚です。自然にいるもの以外にも、古くから人の手によってつくられた改良品種が多く知られており、今も新しい色形のものがどんどん生み出されています。その代表的なものを紹介します

メダカ（黒メダカ）

野生のメダカは、日本各地の川や池に住んでおり、童謡のテーマになるほどなじみの深い魚です。黒みのある銀色の体をしており、ペットショップなどでは他の改良品種と区別するために、「黒メダカ」と呼ぶこともあります。ヒメダカをはじめとする多くの美しいメダカたちも、元はこの野生のメダカからつくりだされました。野生のものといっても飼育は難しくなく、他の改良品種と同じように飼うことができます。

生息している川や池で採集するほか、ペットショップでも販売されているので、入手は難しくありません。

●田んぼとメダカ

メダカは古くから、水田を生活の場として利用してきました。春になって水田に水がはられると、メダカが入り込んできて産卵をします。水温が高く、ミジンコなどメダカの餌になる微小生物が大量に発生する水田は、子育てをする場所としてうってつけだからです。しかし最近では、水田に水を入れるにはポンプが使われるなどして、周囲の用水路や小川にいるメダカが水田に

いろいろなメダカ　カタログ

メダカは浅く流れのゆるい場所を好む

入りこみにくくなり、水田でメダカが泳ぐ姿はあまり見られなくなってしまいました。

メダカには、*Oryzias latupes*（オリジアス・ラティプス）という学名があります。学名とは、生き物につけられる世界共通の名前です。*Oryzias*とはイネ属の学名*Oryza*が由来になっており、このことからもメダカと水田のつながりをうかがうことができるでしょう。また、メダカはRiceFish（コメの魚）という英名も持っています。

●メダカは「目高」

メダカは水面に近い場所を主な生活エリアにしており、それに適した体のつくりをしています。

メダカを漢字で書くと「目高」となりますが、これは目が体に対して大きく、高い位置にあることからきています。視力もたいへん良く、水面に落ちてきた餌（虫など）を待ち受けたり、外敵をいち早く見つけて身を隠すのに役立つのです。

●メダカの分布

メダカは、一部の離島を除く日本各地にわたって分布しています。北海道には生息していませんでしたが、現在では放流されたものが定着しているようです。このように広い範囲にすんでいるメダカですが、すべてが同じものというわけではありません。

野生のメダカは大きくふたつのグループにわけられます。まず、青森から京都にかけての日本海側に生息する「北日本系統群」と、それ以外の場所にいる「南日本系統群」です。また、それぞれの系統群の中でも、産地によっていろいろと異なった体型や体質をもっていることが知られています。この違いは、それぞれが周囲の環境に合わせ、長い時間をかけて獲得してきた特徴とも言えます。他の場所で捕まえたりお店で買ったメダカを自然に放すことは、これらの特徴を失わせることにもつながるので、絶対に避けるべきなのです。

産地によって違うメダカ

メダカ（埼玉県産）
埼玉県で採集された個体。この産地のものは、南日本系統群に含まれるとされます

メダカ（宮城県産）
この個体は、顔つきが丸くて柔和な雰囲気をもちます

いろいろなメダカ カタログ

メダカ（熊本県産）
熊本県で採集された個体。体高がやや高めで、いかつい顔つきをしています

メダカ（沖縄県産）
メダカの一タイプですが、沖縄のメダカは琉球メダカの名で呼ばれることもあります

ヒメダカ

　黄色い体をしたメダカで、ペットショップなどでもっとも見かけることの多い改良品種（人間につくり出された種類）です。黄色い体をしているのは、野生のメダカから黒い色素が少なくなり、黄色の色素が目立つようになったためです。昔から観賞魚としてたくさん養殖されており、黄色みの強いものからオレンジがかったものまで、いろいろな変異があります。入手しやすく、飼育・繁殖とも難しくないので、メダカ飼育の入門種と言えます。しかし、大量養殖のせいか、体型がいびつだったり、健康状態の悪いものが混じることもあるので、気をつける必要があるでしょう。古くから親しまれており、江戸時代にはすでに飼われていたという記録もあります。

ぶちメダカ

体に黒いまだら模様を持っているのが特徴です。ヒメダカを繁殖させると、ときどき現れることがあります（他の品種にも現れます）。ヒメダカに混じっていることもあり、特に区別されず売られています

アルビノメダカ

透明感のある白い体色と、赤い目が特徴の美しいメダカです。視力が弱いので、餌をとったり他のオスやメスを見つけるのがあまりうまくありません。そのため、飼育や繁殖がやや難しく、上級者向けと言えます。

青メダカ

青といっても真っ青ではなく、うっすらと青みのある体をしています。黒メダカから黄色の色素が抜けることで、このような体色となったものです。個体によって、白っぽいものから黒っぽいものまで、体色には違いがあります。

白メダカ（ホワイトメダカ）

　全身が白っぽい、人気の高いメダカです。やや黄色みのあるクリーム、淡い白のシルキー、濃い白になるミルキーなど、いくつかのタイプにも分けられます。その白い体は水中でもよく目立ち、特に屋外のビオトープ池など、上から観賞すると、とても良いアクセントになります。手に入れやすく、状態もしっかりしたものが多いので、入門者向けと言えるでしょう。

光メダカ

　上下対称となった体を持つ、変わった品種です。普通のメダカは腹側が出た逆三角形をしていますが、光メダカは全体が菱形の姿をしています。これは遺伝子の働きによって、本来は腹側に出る特徴が、背中にも現れているからです。そのため、背ビレも腹ビレと同じ形になっており、さらに内臓を守るためのグアニン層も背中にできるため、背がシルバーに光ります。飼育方法は他のメダカと同じで問題ありません。

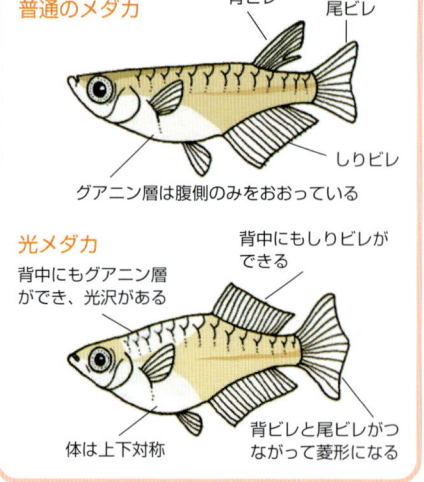

普通のメダカ
- 背ビレ
- 尾ビレ
- しりビレ
- グアニン層は腹側のみをおおっている

光メダカ
- 背中にもグアニン層ができ、光沢がある
- 背中にもしりビレができる
- 体は上下対称
- 背ビレと尾ビレがつながって菱形になる

いろいろなメダカ カタログ

青光メダカ
青メダカをベースにした光メダカ。体がやや短く、ちぢみメダカの影響も見られます

アルビノメダカをベースにした光メダカ

透明鱗メダカ

　その名の通り、透き通った鱗を持つメダカです。目の後ろが赤く見えるのは、透明な鱗によって、赤いエラが透けて見えているためです。そのため、まるで頬を赤く染めたようなかわいらしい姿をしています。スケルトンメダカ、ブラッシングメダカなどの名でも流通しています。比較的最近になって登場した品種ですが、かなり普及しつつあります。

ちぢみメダカ

　丸みをおびた体型がとてもかわいらしいメダカです。これは普通のメダカより脊椎の数が少ないものや湾曲したものなど、骨格が変化してできた品種です。チョコチョコと泳ぐ姿が愛らしいのですが、体が丸く短いためあまりすばやくは泳げません。他のメダカと一緒にすると餌を横取りされてしまい、ストレスになることがあります。そのため、この品種だけで飼うとよいでしょう。バルーンメダカやダルマメダカなどの名でも販売されています。

青メダカのちぢみタイプ

いろいろなメダカ カタログ

ヒメダカの光タイプをベースにしたちぢみ。きっちりスタイルが整っていて、見事なスペード型の体型をしています

アルビノで光のちぢみタイプ

オレンジテールで光のちぢみタイプ

白メダカのちぢみタイプ

ちぢみメダカの名がついていても、写真のように長めのものもいて、体の長さは様々です

ブラックメダカ（シャドウ）

野生のメダカ（黒メダカ）ではなく、体の黒さを強調した改良品種です。黒みを帯びた体は、他のメダカにはない、たくましい印象を与えます。最近になって登場したもので、まだ目にすることは多くありません。

ブラックメダカ（点目タイプ）

目が非常に小さく見えますが、これは目の黒い部分が、グアニン層という銀色の組織におおわれているためです。その分、他のメダカより視力が悪いので、餌を与える際はちゃんと食べているかチェックしましょう。まだまだ珍しい品種です。

いろいろなメダカ カタログ

背ビレが分かれたタイプ

普通のメダカの背ビレはひとつにつながっていますが、こちらは途中で分かれてふたつになっているという、変わったタイプです。セルフィンや角メダカなどの名で呼ばれます。

コラム

メダカを放さないで！

時々、川へメダカを放流した、というニュースを聞くことがあります。放す理由は、メダカの保護やボウフラの駆除のためなど様々ですが、これはメダカにとって良いこととは言えません。古くから日本にすんでいるメダカは、それぞれの生息場所で生き残るために独自の遺伝子をもっています。そこによそからきたメダカを放せば、その遺伝子が乱されてしまい、ひょっとすれば、やがてその地域のメダカが絶滅してしまうかもしれません。

これまで紹介した改良品種はもちろん、他の場所でつかまえたり自宅で殖やしたメダカを自然に放つことは、そこに元からいたメダカを苦しめるだけなのです。

蛍光メダカについて

数年前に、「蛍光メダカ」というメダカが輸入されたことがあります。これは、メダカにクラゲの遺伝子を組み込んで、暗闇で緑色に光るというもの。不思議な色彩のこのメダカは、当時話題になりました。しかし、こうした遺伝子を組み換えたメダカが野生のものと交配すれば、大変な問題になってしまいます。

そのため、蛍光メダカはカルタヘナ法（遺伝子組換え生物等の使用等の規制による生物の多様性の確保に関する法律）によって、輸入・販売とも禁止されました。違反すると、きびしく罰せられます。万一見かけても、購入したり川に放したりしないようにしてください。

メダカを飼うために必要なもの
～屋内飼育編～

メダカを飼うには、室内の水槽で飼う方法と、屋外の池やビオトープなどで飼う方法のふたつがあります。ここでは、室内で飼育するために必要な器具を解説していきます

メダカに適した水槽

メダカを飼うには、泳がせるための容器が必要です。水が漏れずある程度の容量があればなんでも使えますが、サイドがクリアなガラス水槽が、観賞面からも最も適しているでしょう。

● ガラス水槽

ガラス板を貼り合わせて作った水槽です。コーナーに枠のあるものや、フレームを用いずにガラス板同士を貼り合わせた、見栄えのよいオールガラス水槽など、様々な製品が市販されています。

サイズは様々なものがありますが、30～60cmの、比較的小さいものがメダカに向いています。

● プラケース

プラスチックで作られている飼育容器で、ペットショップやホームセンターなどで手に入ります。軽くて安価なのが長所ですが、長く使用していると細かい傷がついて曇ってきたり、割れたりするのが欠点です。サイズや形は様々で、大きなものなら飼育にも使えますが、フィルターや照明など、他の飼育器具が取り付けにくい面があります。

掃除の際にメダカを移したり、病気のメダカを隔離したり、生まれたメダカの稚魚を育てるのに使ったりと、一時的なキープには便利で、他にもいろいろな使い方ができます。メインの飼育容器としてはあまり向きませんが、いくつか用意しておくと何かと重宝します。

必要なもの

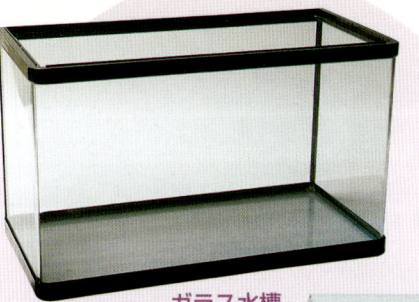

ガラス水槽

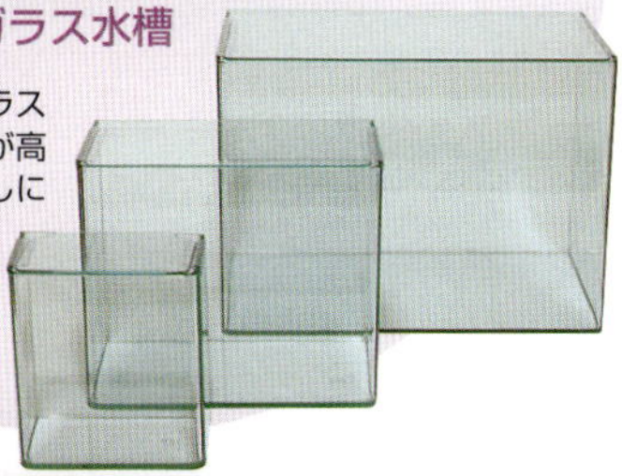

フチのないオールガラス水槽はインテリア性が高い。メダカの飛び出しには注意

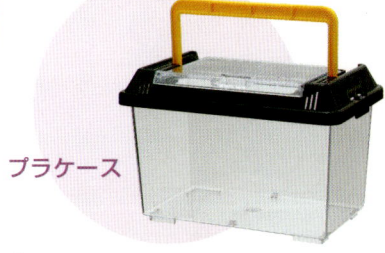

メダカ向けのセット水槽

プラケース

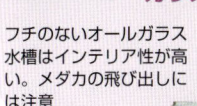

水槽用のアングル台

水槽のサイズとメダカの飼育数（目安）

水槽	水量	メダカの数
30cm	12ℓ	10～15匹
40cm	20ℓ	15～20匹
45cm	35ℓ	30～40匹
60cm	57ℓ	50～60匹

● セット水槽

　水槽と必要な器具が詰め合わせになっている製品で、それぞれ別に購入するよりも、安くすむのがメリットです。初めて買うなら、このタイプがよいでしょう。

● 水槽の大きさと飼育数

　メダカは体が小さいので、小さな水槽でもたくさんの数を飼うことができます。しかし過密な状態で飼うと成長が遅くなり、水も汚れやすくなるなど、あまりメリットはありません。ひとつの水槽で飼える数は、水槽の水1ℓあたりメダカ1匹、というのが大まかな目安になります。

● 水槽は大きい方が飼いやすい

　初めてメダカを飼う場合は、水槽はなるべく大きなサイズを選んだ方がよいでしょう。大きな水槽はそれだけ水の量も多く、水も汚れにくいので、水質を維持するのが楽になるからです。飼育に慣れないうちにあまり小さな水槽で飼うと、失敗の原因にもなります。

● 専用の台を使おう

　水を入れた水槽は、かなりの重さになります。不安定な場所に置くと、たわんで水が漏れたり、水槽が倒れるなどの恐れもあります。水槽には専用の台が市販されているので、そちらを使いましょう。

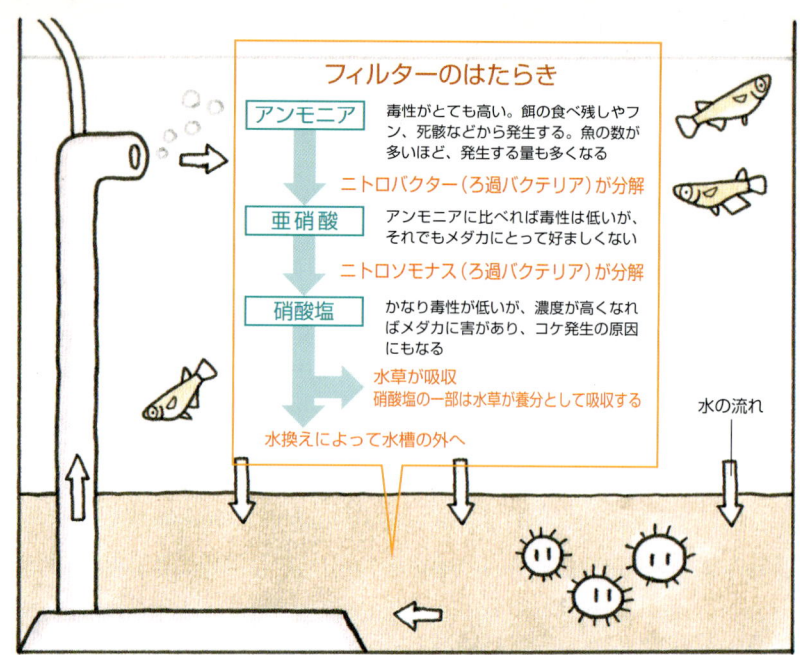

フィルター（ろ過器）

　魚を飼っている水槽では、フンや餌の食べ残し、枯れた水草などの大きなゴミと、それらが腐敗して発生する目に見えない汚れによって、どんどん水がいたんでいきます。こうした汚れを浄化し、水をきれいに保つのが「ろ過」と呼ばれる働きで、これを水槽で行なうのが、フィルター（ろ過器）の役割です。

● ろ過の仕組み

　フィルターが行なうのは、主に2つです。
◆ 物理ろ過
目に見える大きなゴミを、ウールなどによってこしとる。
◆ 生物ろ過
　アンモニアなどの有害な物質を微生物（バクテリア）によって、無害な物質に変える。
　特に重要なのが、後者の生物ろ過です。

　魚の排泄物や、食べ残した餌、死骸などが腐敗すると、メダカにとってたいへん毒性の強いアンモニアが発生します。このアンモニアはニトロソモナスというバクテリアがやや毒性の弱い亜硝酸へと分解し、さらに亜硝酸はニトロバクターなどのバクテリアによって、硝酸塩という比較的安全な物質へ分解されます。

● セットしたては要注意

　このバクテリアは、一般に「ろ過バクテリア」と呼ばれ、ろ過の中心的な働きをします。ろ過バクテリアは、フィルター内に入れたろ材を住み家にして増殖していきますが、セットしたての水槽では十分な数のバクテリアがいないので、汚れを分解しきれず、アンモニアや亜硝酸が発生しやすくなります。そのため、セット初期はメダカの数を少なめにおさえたり、餌の量を控え

必要なもの

様々なフィルター

エアポンプを使用するフィルター

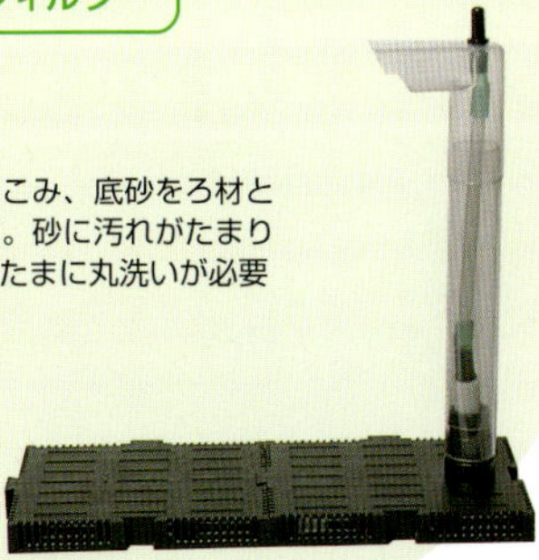

底面式
底砂内に埋めこみ、底砂をろ材として使います。砂に汚れがたまりやすいので、たまに丸洗いが必要

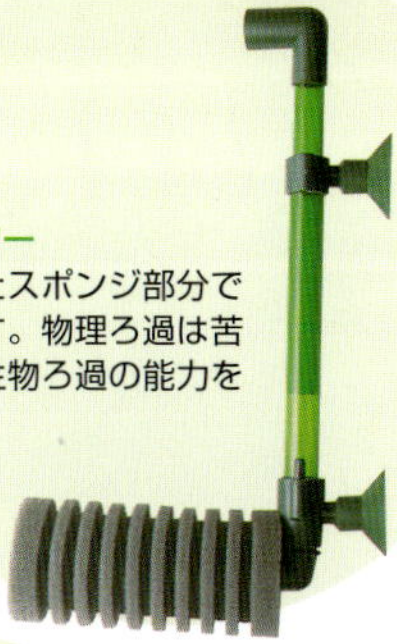

スポンジフィルター
むき出しになったスポンジ部分でろ過を行ないます。物理ろ過は苦手ですが、高い生物ろ過の能力をもちます

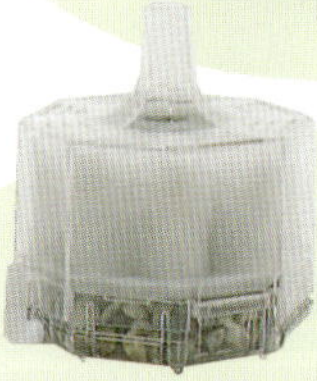

投げ込み式
ろ材を収めたケースを水槽内に設置します。設置が簡単で、ろ過能力も十分。小型水槽で使いやすく、便利です

エアポンプとエアチューブ
底面式、スポンジ、投げ込み式フィルターを使うために必要です

なくてはいけません。

● フィルターのタイプ

フィルターは大きく分けると、モーターによって動くものと、エアポンプによるエアの力で水を動かすものがあります。どのタイプでも飼育できますが、エアの力で水を循環させる投げ込み式や底面式はつくりがシンプルなので初心者でも扱いやすく、酸素も供給できるため、メダカの飼育に向いています。小さな水槽でも使いやすい面も見逃せません。

モーターで水を動かす上部式や外部式はろ過能力が高いので、たくさんのメダカを大きめの水槽で飼う場合に有利です。ただし、水流が早くなるので、強い流れを嫌うメダカには注意が必要です。給水口を壁に向けるなどして、なるべく水流を弱めて使いましょう。

モーターで動くフィルター

上部式
水槽の上に設置するので、掃除などのメンテナンスがしやすい。60cm以上の水槽に向きます

外部式
本体を水槽の外に置き、ホースで繋いで使用します。水流が強くなりやすく、メダカにはやや不向きです

外掛け式
水槽の横や後ろに設置します。サイズが豊富で、小型水槽にも便利。水流が調整できる製品が中心です

照明器具（ライト）

　水槽を照らし、メダカをより美しく観賞できます。観賞面だけでなく、メダカは昼行性の魚なので、暗い環境で飼うと成長や繁殖に悪影響があると言われているので、照明を付けて昼夜のメリハリをつけましょう。また、水槽に水草を植えて育てる場合にも必要です。

　点灯時間は、1日8〜10時間程度にします。長すぎるとコケが発生したり、ライトの熱で水温が上昇しすぎることがあります。仕事などで照明時間を調節できない場合は、タイマーと接続すると便利です。点灯時間を調整することで、メダカの産卵を誘うことができるメリットもあります（67ページを参照）。

一般的な蛍光灯タイプ。水槽の上に置いて使います

クリップ式。水槽の縁に固定します。小型水槽にも取り付けが簡単です

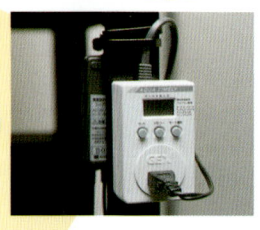
水槽用タイマー。点灯／消灯を自動で行なえます

底砂

　水槽の底に敷く砂利です。メダカを落ち着かせるとともに、見た目も自然になるため、観賞する楽しみも増します。さらに、砂にはろ過バクテリアが定着するため、水の浄化に役立つ効果もあります。底砂はなくても飼えますが、なるべく敷いた方がよいでしょう。

　砂は、水草が根を張るためにも必要になります。水草を植える場合は、3〜5cmほどの厚さで敷くのが適当です。水草を植えない場合は、底面が隠れる程度で問題ありません。

　また、メダカは驚くと底砂に突っ込むことがあります。この際に角張った砂だと体を傷つけることがあるので、角のなく丸いものや、粒の細かいものが適しています。

大磯砂
もっとも一般的な底砂。粒が丸く、サイズも様々ですが、メダカには粒の細かいものが向きます。水質にはほとんど影響しません

珪砂
ベージュや茶褐色をした天然砂。水槽の雰囲気が明るくなります。水質にはほとんど影響しません

パウダー状の砂
粒の細かなタイプで、角もないのでメダカを傷つけません。雰囲気も自然。複数のメーカーから、粒の細かな底砂が販売されています。写真は田砂

ソイル
土を焼き固めたもの。軟らかいため、メダカがあまり傷つきません。水草を多く植える場合にも向きます。崩れやすいので、強くかき混ぜないこと

必要なもの

その他　あると便利な器具など

フタ
ガラス製

フタ
プラスチック製。小型水槽用が中心

水温計

活性炭

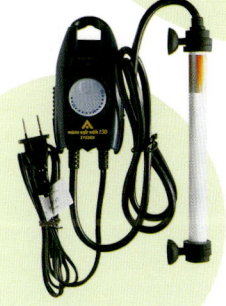
ヒーター＆サーモスタット
（写真は一体型のもの）

水槽用ファン

バックスクリーン

1　水槽のフタ
　メダカは水面近くを泳ぐことが多いため、驚くと勢いあまって水槽から飛び出すことがあります。水槽にフタをすることで、メダカの飛び出しや水が蒸発して減るのを防ぎます。ガラス製とプラスチック製のものがあり、水槽に合わせたものが販売されています。

2　ヒーター、サーモスタット
　水を温め、水温を保つためのものです。ヒーターは水を温め、サーモスタットはあらかじめ決めた水温になるとヒーターをストップさせ、一定の水温を保ちます。メダカは低水温に強いので、室内で飼うのなら特に必要ありませんが、冬でも活発に泳ぐ姿を見たいのなら入れてあげましょう。寒い時期にメダカを繁殖させたい場合などにも用います。使用する場合は、水温計も設置して正常に作動しているか確認しましょう。

3　水槽用ファン
　水面に風を当てて、水温を下げます。夏場に水温が高くなりすぎる場合（35℃以上）に用います。使う際は水槽のフタを外して風が水面に当たるようにし、また水の蒸発しすぎには注意しましょう。

4　水温計
　水槽に入れて、水温を確認するために使います。メダカの健康状態をチェックするにも役立ちます。シール式や電子式など、多くのタイプがありますが、メダカの飼育には一般的な棒状のもの（写真）で十分です。

5　活性炭
　水中の濁りや不純物を吸着するはたらきがあります。水槽セット初期でろ過が不安

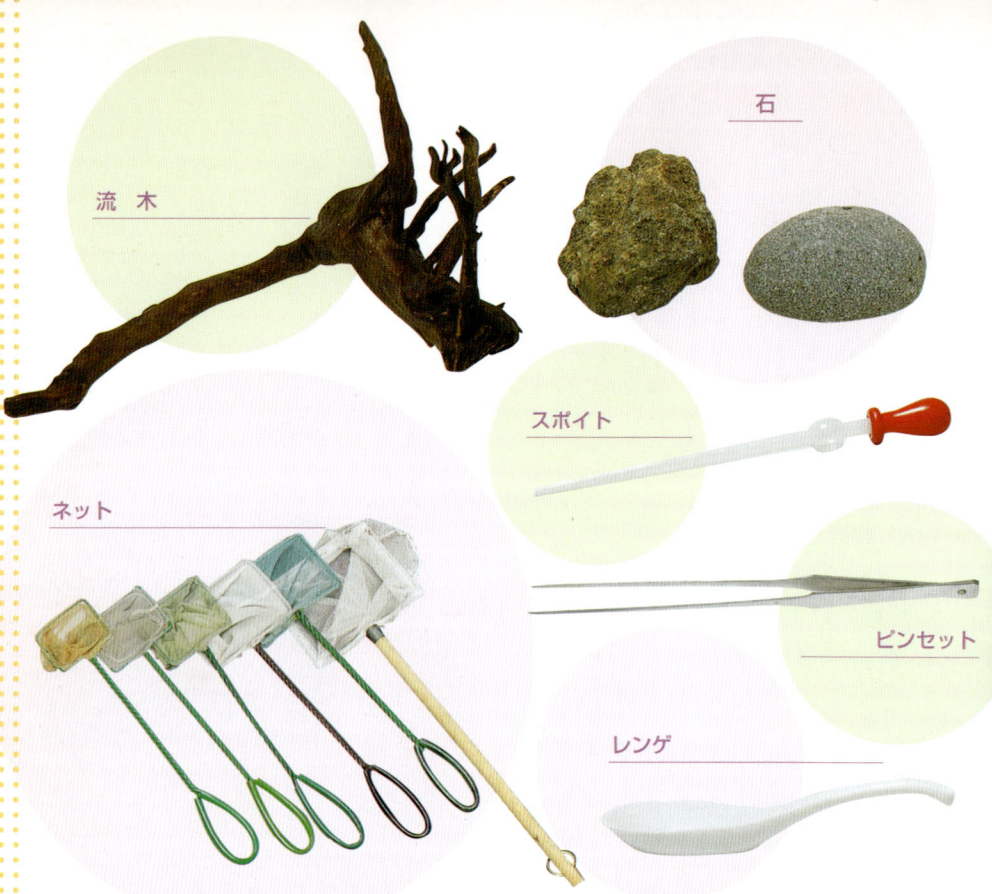

流木

石

スポイト

ピンセット

ネット

レンゲ

定な時期や、水ににごりが出た際などに使います。ろ過槽に入れたり、水槽に直接入れて使います。

6　バックスクリーン
　水槽の裏に貼り付けるスクリーンです。水槽の見栄えがよくなり、メダカがひきたちます。黒一色や水草をプリントしたものなど種類も豊富なので、好みにあうものを選びましょう。水槽の背面からの光をさえぎる効果もあります。

7　流木、石
　アクセサリーとして用いることで、水槽に自然な雰囲気を出します。流木はアクが出て水を黄ばませることあるので、しばらく水をはったバケツに沈めておき、アク抜きをします。黄ばみがなかなか消えない場合は、活性炭を使うと早く消えます。熱帯魚ショップでは様々な大きさや形のものが売られており、好みにあうものを探すのも楽しいものです。

8　ネット
　メダカをすくって移動させる場合に必要です。他にも、水面のゴミや食べ残した餌をすくったりと、いろいろな使い道があります。目の細かいものと粗いものを揃えておくと便利です。

9　スポイト
　アカムシやブラインシュリンプなどの給餌や、底に沈んだ残り餌を吸い出すのに使います。シリコン製とガラス製があります

必要なもの

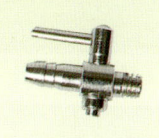
コック 一方型

コック 分岐型

塩素中和剤

バケツ

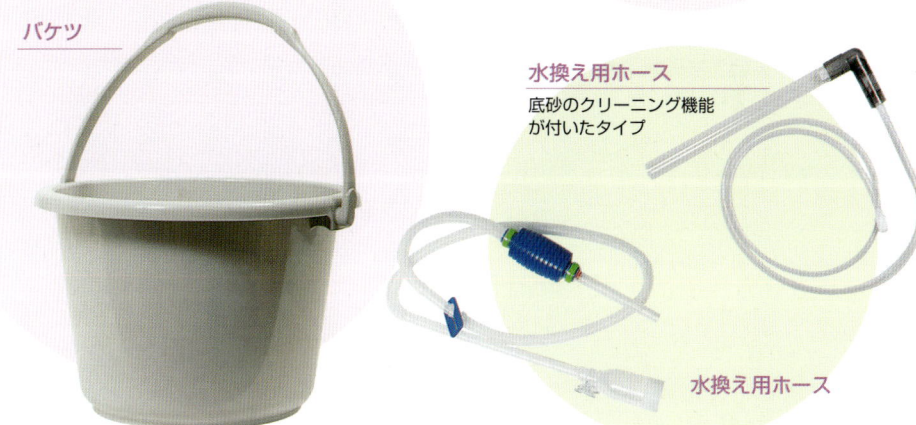

水換え用ホース
底砂のクリーニング機能
が付いたタイプ

水換え用ホース

が、ガラス製のものは割れやすいので扱いには気をつけましょう。

10 ピンセット
水草を植えるのに使います。それ以外にも、ちょっと大きなゴミをつまんだりと、何かと役に立つ器具です。

11 レンゲ
生まれたての稚魚は、アミですくうと傷ついて弱ることがあります。稚魚は水面にいるので、レンゲで水ごとすくうと傷つけることがありません。

12 コック
エアチューブにつけて、エアの出る量を調整します。複数に分岐したタイプのものを使うと、ひとつのエアポンプからいくつもの水槽にエアを回すこともできます。

13 バケツ
水換えの際に水をくんだり捨てたりするための必需品です。いくつか用意しておきましょう。

14 塩素中和剤
水道水に含まれる有害な塩素を中和して、メダカに害のないものに変えてくれます。カルキ抜きとも呼びます。

15 水換えホース
水換えの際に、水を吸い出すのに使います。底砂をクリーニングする機能の付いた製品もあります。

メダカのための水槽レイアウト

水草を植えたり、流木を組み合わせたりと、いろいろなレイアウトを楽しむのも、メダカを飼う醍醐味です。メダカのための水槽の例をいろいろ集めてみました

> 水槽レイアウト

No.1 水槽に"メダカの学校"を再現

採集したメダカを主役に、同じ場所で採ったフナやドジョウなども泳がせて、川の風景を再現してみました。大きくなるフナも、メダカとサイズが同じくらいのうちならだいじょうぶ。魚の数が少なめなので、水換えなどの手間もあまりかかりません

主役のメダカは10匹ほど

2cmほどの子ブナ。5匹ほど泳いでいます

1cmほどのかわいい赤ちゃんドジョウ

データ
水槽：45×27×30（高）cm
ろ過：投げ込み式、外掛け式
底砂：田砂
生き物：メダカ、フナ、ドジョウ

データ
- 水　槽：30cm水槽
- ろ　過：底面式
- 水　草：ハイグロフィラ、アヌビアス・ナナ
- 底　砂：大磯砂
- 生き物：ヒメダカ、白メダカ、ぶちメダカ、光メダカ（黒）、ちぢみメダカ（青）

いろとりどりのメダカを 集めて

さまざまな改良品種がいるメダカ。そんなメダカをひとつの水槽に集めたら、とてもにぎやかな雰囲気になりました。底砂利には暗めの大磯砂を使い、メダカの色をひきたてています。ただし違う品種をいっしょに飼っていると、交雑して本来とは色の違うメダカが生まれてしまうので、オス（またはメス）だけで飼うなど、工夫が必要です

データ
- 水　槽：30×18×28（高）cm
- ろ　過：スポンジフィルター
- 底　砂：珪砂
- 生き物：メダカ

メダカだけをシンプルに 飼う

20匹ほどのメダカだけを泳がせて、水草でレイアウトしたシンプルなレイアウトです。スポンジフィルターのL字パイプを外して水流が起きにくくしたり、浮き草を浮かべ産卵や隠れる場所をつくるなど、メダカ飼育の基本はしっかりおさえてあります

水槽レイアウト

水槽に陸地と水場を再現した、アクアテラリウムと呼ばれるレイアウト。陸上の植物を植えられるので、本物の水辺のような風景が楽しめます。陸上部にはシダ類などを植え、日本の小川の雰囲気を感じさせるレイアウトとなりました。水槽には前面が大きくカットされた、アクアテラリウム専用のものを使っています

データ
- 水　槽：123×48×50／24.5（背面の高さ／前面の高さ）cm
- ろ　過：底面式
- 底　砂：ハイドロサンド
- 生き物：メダカ、タイリクバラタナゴ

No.4

メダカは20匹ほど泳いでいます

メダカの暮らす水辺を再現

高さの低い水槽に、石をシリコンで貼り付けたケースを置き、陸地に見立てた水槽です。陸地を中心に流れが回っており、自然の小川のようにメダカがスイスイと泳いでいます

データ
- 水　槽：60×30×18（高）cm
- ろ　過：内部式
- 底　砂：田砂
- 生き物：メダカ

No.5 日本の魚たちのコミュニティ水槽

メダカとはサイズが異なる魚でも、自分のなわばりをあまり主張しないものとなら、いっしょに泳がせることができます。ただし、体の小さなメダカが安心できるように、隠れられる場所は必ず用意してあげましょう。ここでは、水面にたなびく水草が隠れ家になっており、外部式フィルターによってできた水流もやわらげてくれています

データ

水　槽	60×30×36(高)cm
ろ　過	外部式、内部式
底　砂	田砂
生き物	メダカ、タモロコ、アブラハヤ、カゼトゲタナゴ、シマドジョウ

タナゴやアブラハヤなどはメダカより大きく育ちます。サイズに差が出てくると、メダカに餌が回らなくなるなど、メダカにストレスとなるので、別の水槽に分けてあげましょう。底にいるドジョウは、メダカをいじめることもないので、いっしょに飼うことができます

水面にたなびく水草はバリスネリア。メダカのよい隠れ場所となりました

No.6 小さな水槽でメダカを飼う

水槽につくられた、庭園のようなレイアウト水槽です。ケースを埋めてつくった小さな池には、ヒメダカがよく似合っており、まるで庭園に泳ぐニシキゴイのようです。

データ
- 水　槽：30×20×10（高）cm
- ろ　過：なし
- 底　砂：ソイル
- 生き物：ヒメダカ

極小の水槽で、水辺を再現したアクアテラリウム。水槽が小さいので、あっという間につくることができます。

データ
- 水　槽：15×15×15cm
- ろ　過：なし
- 底　砂：ソイル
- 生き物：ヒメダカ

水槽レイアウト

データ
- 水　槽：ガラス容器（サイズ不詳）
- ろ　過：なし
- 底　砂：サンゴ砂
- 生き物：ヒメダカ

ガラス製の器は様々な形のものが手に入ります。お気に入りの器をレイアウトしてメダカを放せば、それだけでなかなか見応えのあるものになるでしょう

小さな容器でつくったレイアウト水槽は、様々なところに飾ることができます。こんな楽しみも、メダカのじょうぶさがあってのことです

データ
- 水　槽：ガラス容器（サイズ不詳）
- ろ　過：なし
- 底　砂：天然砂
- 生き物：メダカ

小さな水槽で飼うのなら…

ここで紹介した小さなレイアウト水槽は、どれもおしゃれで魅力的です。ただし小さな水槽は、その分だけ水も少ないので、水が汚れやすく、水温も急激に変化しやすいという欠点があります。水量の少ない水槽で飼う場合は、なるべくこまめに水を換えて水の汚れをおさえ、温度変化の少ない場所に設置するなど、普通の水槽で飼うよりも気をつけるポイントが多くなります。

こうした水槽は、本格的にメダカを育てるのには向きませんが、飼っているメダカをたまに移してやり、その姿を眺めるのもなかなか楽しいものです。

メダカ水槽をセットしよう

水槽のセットから、メダカの入手、水槽への導入までを解説します。水槽のセッティングは水や電気を扱うので、できるだけ気をつけて行なってください

水槽のセット手順 ▶▶▶▶▶▶

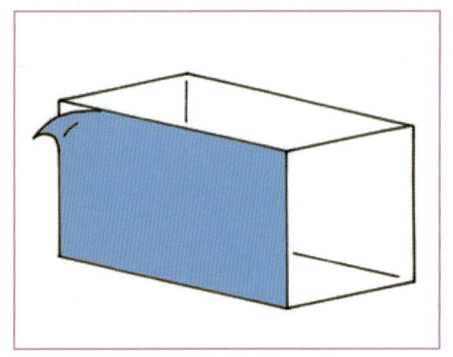

❶ バックスクリーンを貼る

水を入れる前に、バックスクリーンを水槽の後ろに貼りつけます。ガラス面は、事前によく拭いてきれいにしておかないと、後で汚れに気がついても拭くことができないので注意しましょう。

❷ 水槽とアングル台をセット

水槽を置く場所を決めたら、水槽の中身のセッティングに入ります。一度置いてしまった水槽を後から移動させるのは大変なので、置き場所は気をつけて選びましょう（置き場所については右ページ参照）。

❸ 底砂を洗う

底砂は、水槽に入れる前に洗っておきましょう。ここで細かい汚れを流しておかないと、水槽のにごりがいつまでも消えないこともあります。ただし、ソイル製品は洗うとくずれてしまうので、そのまま敷きます。また、最近では洗浄済みの砂もあります。

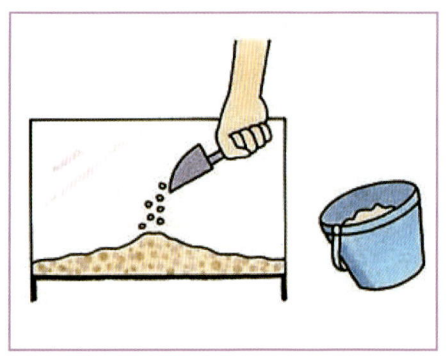

❹ 底砂を敷く

ショベルなどで、ていねいに底砂を敷いていきます。砂は手前を低く、奥を高くすると奥行き感が出せます。また、あまり厚く砂を敷くと、底砂の中で水がよどんでしまうので、5cm以内にとどめましょう。

水槽のセット

水槽を置くのに向かない場所は？

水槽は、静かで温度変化の少ない場所に置きます。

直射日光が当たるところ
窓際など、太陽光線が直接当たる場所では、コケが大量に発生したり、夏場に水温が上がりすぎることがあります。

畳の上
畳など、軟らかい場所に水槽を置くと、重さで沈みこんで水槽が傾き、水漏れが発生する危険があります。フローリングの床でも、水平が取れているかを確認してから置きましょう。

家電のそば
パソコンやオーディオなどのそばに置くと、湿気やこぼれた水などで機械が故障するおそれがあるので、なるべく離れた場所に置きます。

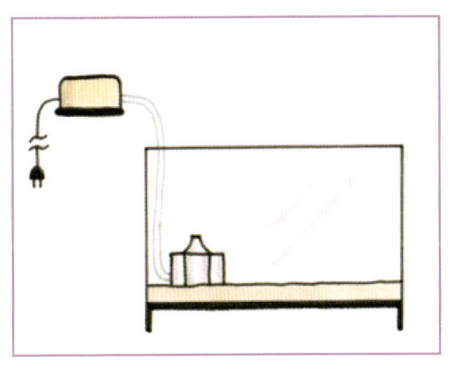

❺ フィルターをセットする

投げ込み式など、水槽の内部に置くフィルターは、水槽の端などのなるべく目立たない場所にすると、水槽内がすっきりします。また、底面式を使う場合は、砂を敷く前にセットしておきましょう。まだフィルターの電源は入れません。

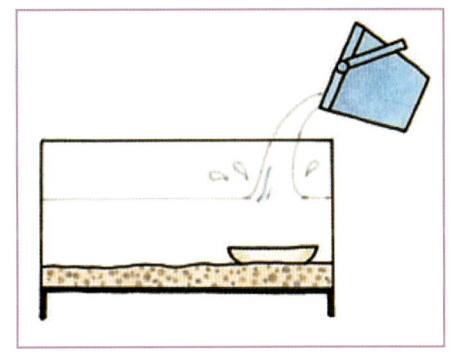

❻ 水を入れる

水を乱暴に入れると、砂がかき回されて水がにごってしまうので、やさしく注いでいきます。底にお皿などを敷いて水を受けると、にごりにくくなります。

❼ 水草を植える

ピンセットで水草の根をつまんで、底砂に植えていきます。水草とピンセットがなるべく平行になるようにつむと、砂に植えやすくなります。

❽ レイアウトを整える

石や流木を使って、水槽内を飾りつけます。水草などで入りくんだところと、開けておりメダカが泳ぎやすい部分をつくりましょう。

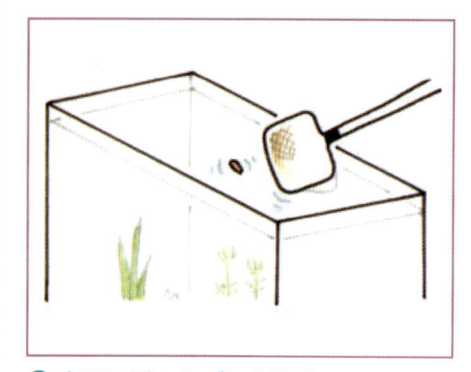

❾ 水面に浮いたゴミを取る
水草の破片など、セット後に水面に浮いているゴミは、フィルターを動かす前にネットですくっておきましょう。後からでは、意外と面倒です

❿ 塩素の中和
中和剤を入れて、塩素を中和しておきます。時間がたつと塩素は自然に抜けますが、事前に抜いておいた方が水槽の調子が早く良くなります

⓫ コンセントを入れる
水槽内のレイアウトが終わったら、ここではじめてフィルターや照明のコンセントを入れて、機具類を動かします

⓬ 完成
これでメダカ用の水槽が完成しました。最初はにごりが出ることもありますが、バクテリアが発生してフィルターがはたらき始めれば、自然と水は澄んでいきます。このまま1週間ほどカラ回ししておきましょう

水槽のセット

入手・水槽への導入

●入手

メダカを入手するには、ペットショップや熱帯魚店で購入する方法と、川などにいるものを採集する方法の2つがあります。当然ですが、採集では野生の黒メダカしか手に入らないので、ここではお店で購入する際の注意点について解説します。

どこで売っている？

ヒメダカや白メダカなどはかなり普及しているので、一般的な熱帯魚店で入手できます。ただし、ブラックメダカなどの新しい品種は、それほど出回っておらず、手に入れやすいとはいえません。

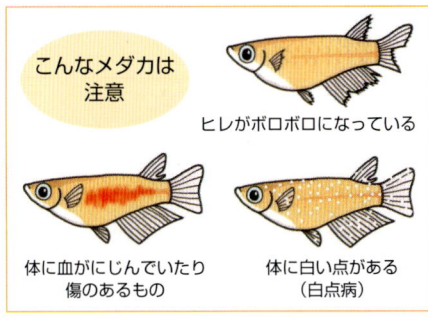

こんなメダカは注意
- ヒレがボロボロになっている
- 体に血がにじんでいたり傷のあるもの
- 体に白い点がある（白点病）

なお、最近ではメダカを専門に扱うお店もできつつあります。どうしても手に入らないメダカがいるなら、観賞魚雑誌の広告や、インターネットなどで専門店を探してみると、多くのメダカに出会うことができるでしょう。

購入する際の注意点

購入する前には、メダカの健康状態をチェックします。やせている、体に白い点がついている、ヒレがボロボロになっている、体に傷がある、元気がない、などに当てはまらないか、確認しましょう。そうした個体や、死んでいる個体が多い水槽にいたものは、病気に感染しているおそれがあるので、購入は避けたほうが安全です。

メダカはひとつの水槽にたくさん入って売られていることが多く、「この個体が欲しい」と指定することは難しいので、群れ全体を見て調子を判断してください。

ヒメダカは、肉食魚の餌用として安価で大量に売られている場合があります。これには状態をくずしたものが多く、飼育用にはあまり向きません。やや高くついても、ペット用として売っているものを選ぶようにします。

●水槽への導入

購入したメダカを水槽に移す際は、水温の変化に注意しましょう。メダカは変温動物なので、周囲の温度に影響を受けます。温度が急に変化することは、メダカにとって負担がかかることなのです。

購入してきたメダカは、まずビニール袋ごと水面に浮かべておきます。30分もすれば、水槽と袋の水温が同じくらいになるでしょう。その後、袋を開けて水槽に放せば、メダカにショックを与えずにすみます。

また、買ってきた中に明らかに調子の悪いものがいる場合は、袋の水は水槽に入れず、その個体は別のケースに隔離して治療します。いっしょにしておくと、病気に感染して全滅してしまうおそれもあります。

メダカの飼い方

メダカを飼う基本は、しっかり餌をあげ、かつ水が汚れないようにしっかりメンテナンスをすることです。メダカは丈夫な魚なので、基本さえおさえれば、誰でも簡単に飼うことができるでしょう

きれいな水ではメダカも元気です

メダカは25℃前後でとても活発になり、よく産卵します。5℃を下回ると、物陰でじっとして動かなくなります

メダカの好む水

● メダカを飼うのに適した水は？

　水といっても、水道水や井戸水など様々ですが、メダカを飼うには、水道水を使うのが一般的です。

　ただし、水道水は殺菌用の塩素が含まれているため、そのままでは使えません。この塩素は、人間には害のない濃度ですが、小さなメダカにはかなり有害です。水道水をメダカの飼育に使うには、塩素を取り除いてからにする必要があります。

　塩素は、専用の中和剤を使うか、1日くみ置きしておくことで、簡単に抜けます。日の当たる場所だと、より早く抜くことができます。

● 水温で変わるメダカの活性

　メダカは暖かい水を好みます。もっとも調子がよいのは25℃前後で、活発に泳ぎ食欲も旺盛で、よく産卵します。15℃より下がるとだんだんと不活発になり、0〜5℃程度まで下がると、水底でじっとしてほとんど動かなくなります。40℃近いぬるま湯のような水でも生きていることがありますが、やはり30℃を超えると元気がなくなり、食欲も落ちてしまいます。

　室内で飼う場合、よほど冬場に冷え込む地域を除けば保温の必要はありませんが、ヒーターを使って25℃前後に保温すると、冬でも元気に泳ぐ様子を楽しむことができます。

メダカの飼い方

水道水は塩素を抜こう

塩素中和剤を使うと、簡単に塩素を抜けます

日なたにくみ置きしたり、強めにエアレーションをかけておくのも、塩素を抜く方法です

きれいな水槽ではメダカも元気！

●水換えをしよう

　メダカを飼っているうちに発生する水槽内の汚れ（有機物）は、ろ過バクテリアによって硝酸塩という物質に分解されます。一般的なろ過では、硝酸塩はこれ以上分解されず、どんどんたまっていきます。硝酸塩の毒性はあまり高くありませんが、それでも大量にあると、メダカにとって害となります。

　こうした水槽にたまった有害な物質や水中を漂うゴミを排出して、水をきれいに保つのが、水換えという作業です。

　汚れの蓄積した水は、コケが発生し見ばえも悪くなります。食欲不振や病気を招く原因にもなるので、飼育水は常にきれいに保つのが、メダカを上手に飼うポイントです。

　新鮮できれいな水ではメダカは生き生きと泳ぎ、病気にもかかりにくいため、より楽しく飼育できるでしょう。

●水換えはいつする？

　水槽の大きさやメダカの数によって汚れ具合はまちまちなので、水換えのタイミングをつかむのはなかなか難しいものです。

　慣れないうちは水換えの時期を決めて、定期的に行なったほうがうまく飼育できます。具体的には、1週間に1度、全体の1/3程度の水を換えるのが適当でしょう。一度に大量の水換えをすると、メダカやろ過バクテリアにショックを与えるため、あまり好ましくありません。

　目安としては、次のような項目をチェックします。水温が適当なのにメダカの食欲が落ちた、あまり泳がなくなった、コケがよく生える、水草の葉が急に落ち始めた、などの場合、水の汚れがかなり進んでいる可能性があります。

水換えの手順

① 水を抜く

水換え用ホースを使って、水槽の水を抜きます。このときいっしょに、水槽内のゴミやコケも吸い取ってしまいましょう。メダカを吸いこまないように！

② 塩素を中和する

水槽に入れる水を用意します。市販の中和剤を使って、塩素を抜いておきましょう。水温も計り、水槽と温度差がないようにします

③ 水槽に水を入れる

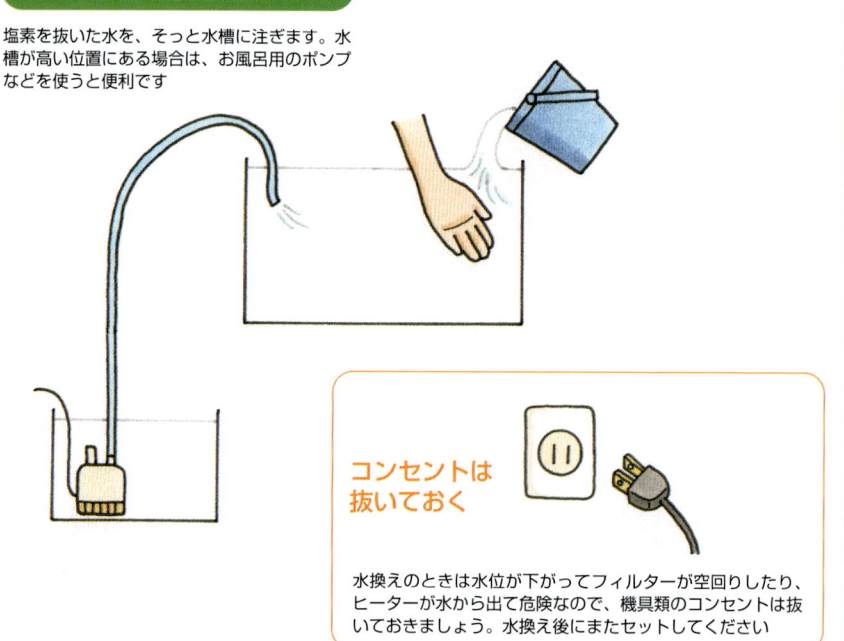

塩素を抜いた水を、そっと水槽に注ぎます。水槽が高い位置にある場合は、お風呂用のポンプなどを使うと便利です

コンセントは抜いておく

水換えのときは水位が下がってフィルターが空回りしたり、ヒーターが水から出て危険なので、機具類のコンセントは抜いておきましょう。水換え後にまたセットしてください

メダカの飼い方

メダカの口は上向きになっており、水面の餌を食べるのに向いています

フレークフードを食べるメダカ　イトミミズにむらがるメダカ

メダカの餌・与え方

　健康なメダカを育てるためには、しっかりとした餌やりが大切です。

　何でもよく食べるので、餌に困ることは少ないのですが、メダカは私たち人間のような胃袋を持たないため、餌を食いだめすることができません。一度に大量に与えても食べきれず、水を汚す原因になってしまいます。そのため、餌は少しずつに分けて与えます。餌の与えすぎは肥満を招き、寿命が短くなったり、繁殖しにくくなるおそれもあります。

● 与え方、回数

　餌は、数分で食べつくす量を1日2〜3回与えます。水温が適当なら、活発に泳ぎ餌もたくさん食べますが、水温の低い時期には水底でじっとして、あまり餌も食べません。そのため、暖かい時期には餌を多めにし、寒い時期は控えめにするというように、与え方に工夫が必要です。活性の低い時期にたくさん餌を与えても、食べきれないばかりか、消化不良を起こし調子をくずす場合もあります。

　メダカは明るくなってから活動を始めるため、給餌は照明をつけてから行ないます。最後の給餌は、遅くともライトを消す2〜3時間前までにしましょう。暗くなると活性が下がるので、消灯直前に給餌すると消化不良になることもあります。

● メダカに与える餌

　野生のメダカは、動物プランクトンや植物プランクトン、水面に落ちた虫、藻類など、様々なものを食べています。飼育する場合も1種類の餌だけではなく、栄養のバランスを考え、いろいろなものを与えた方がよいでしょう。

　野生のメダカは、水面や水中の餌を主に食べており、これは上向きで横に広がった口の形からもわかります。しかし、飼育しているメダカは、底に落ちたものでも拾って食べるようになります。

人工飼料

左から、フレークフード、粒状タイプ、タブレットフード

乾燥、冷凍飼料

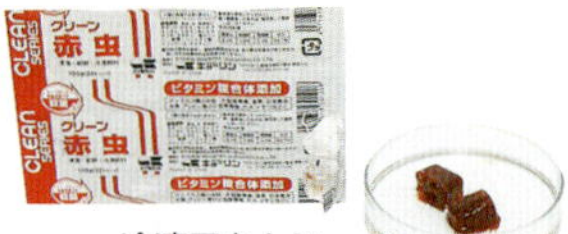

冷凍アカムシ 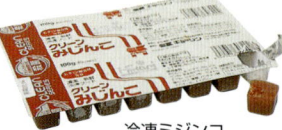　　冷凍ミジンコ

フリーズドライのアカムシ 　　フリーズドライのミジンコ

生き餌

アカムシ 　　イトミミズ 　　ミジンコ 　　ブラインシュリンプ

　餌は、魚粉などを原料にした人工飼料と、ミジンコやアカムシなどの生き餌が代表的です。

● 人工飼料

　魚粉などの様々な原料をもとに、魚が食べやすいよう加工した飼料です。多くのメーカーから発売されており、栄養のバランスもよく考えられているので、こちらをメインに与えるのが一般的です。

　注意点として、人工飼料はパッケージを開けたときから、徐々に酸化し品質が落ちていきます。古くなった餌を与えると、メダカの内臓に負担がかかるおそれもあります。特に直射日光が当たる場所やライトの周辺などは高温になり、劣化が早くなります。使わないときは、なるべく涼しい場所で保管しましょう。

メダカ専用の餌もあります

フレークフード

　薄く紙状になっています。軟らかいので、指ですりつぶしてメダカのサイズに合わせることもできます。水面に浮くので、メダカにとって食べやすい餌です。

粒状のタイプ

　しばらく水に浮くものと、すぐに沈むものがあります。メダカの口の大きさに合わせて、粒が小さいものを選びましょう。

● 生き餌

　動きや匂いが食欲をそそるため、メダカがよろこんで食べます。栄養も豊富なので、やせたメダカや産卵期など、メダカに体力をつけたい場合に与えるとよいでしょう。ただし、生きたものの入手は難しくなりつつあります。

アカムシ

　ユスリカの幼虫です。栄養価が高くメダ

ブラインシュリンプの与え方

ブラインシュリンプの卵は、熱帯魚店などで手に入ります

ペットボトルを使ったふ化器の例

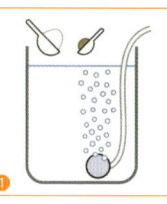

① 瓶（コーヒーの空き瓶など）に水をはり、説明書通りの食塩と卵を入れ、エアレーション（ブクブク）してかくはんします

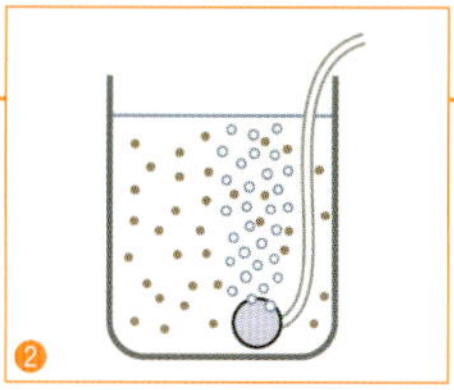

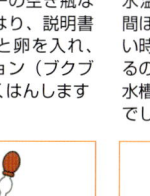

② 水温25℃であれば、24時間ほどで卵がふ化します。寒い時期にはふ化に時間がかかるので、ふ化器ごと保温した水槽に入れるなどするとよいでしょう

③ エアレーションを止めてしばらくすると、卵の殻が浮き、ブラインシュリンプと分かれます。ふ化しなかった卵は底に沈みます

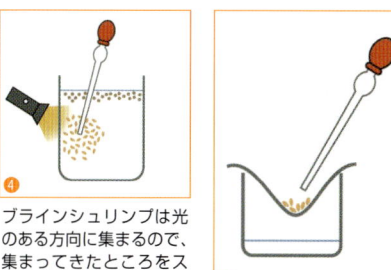

④ ブラインシュリンプは光のある方向に集まるので、集まってきたところをスポイトで吸い取ります

⑤ 吸い出したブラインシュリンプは、コーヒーフィルターやキッチンペーパーなどでこし、真水に移して塩分を抜いてからメダカに与えましょう

こしとったブラインシュリンプは、スポイトで与えます

カも好みますが、サイズが大きいので成魚向きです。

イトミミズ

泥の中に住んでいる小さな生物です。与える前にはよく洗わないと、雑菌などを持ちこむことがあるので注意が必要です。イトメとも呼びます。

ミジンコ

池などに発生する小さな甲殻類です。最近では採集するのが難しくなりましたが、グリーンウォーター（植物プランクトンが大量に発生して緑色になった水）で育てると、少数の親からいくらでも殖やすことができます。

ブラインシュリンプ

アルテミアという甲殻類の一種で、卵の状態で販売されており、それをふ化させて与えます（上のイラスト参照）。サイズが小さく栄養価も高いので、ふ化した稚魚や幼魚に与えると、成長が速くなります。もちろん、成魚も喜んで食べます。

タブレットフードの使いどころ

タブレットフードとは、大きめの粒状に形成された餌です。これを水槽に沈めておくと、徐々に軟らかくなってメダカが食べやすくなります。常に餌が食べられる状態になるので、やせたものや購入したてのメダカに体力をつけさせるのに最適の餌です。すぐにバラバラになって水に溶けることがないので、水を汚しにくいのもメリットです

● 乾燥、冷凍飼料

生きたアカムシやミジンコを、フリーズドライや急速冷凍したものです。入手が難しくなった生き餌にかわって普及しました。栄養価では生きたものには及ばないものの、手軽に与えることができ保管も簡単で、重宝する餌です。アカムシやミジンコ、ブラインシュリンプなど、様々な種類が販売されています。

水槽のメンテナンス

水槽は、時間がたつにつれてだんだんと汚れてきます。いつでも楽しくメダカを観察できるよう、きれいな水槽を目指しましょう

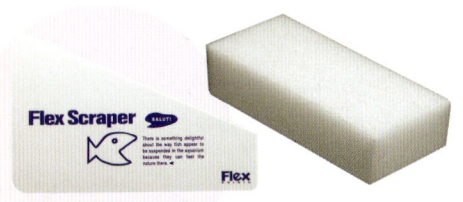

コケ取り用のスクレーパー（左）やメラミンスポンジ

ガラスのコケは、専用のスクレーパーや三角定規などでこすって落とします

メダカ水槽に生えやすいコケ

茶ゴケ
ガラスの壁面によく生えます。軟らかいのでスポンジなどでこすればすぐ取れ、巻き貝などもよく食べてくれます

ラン藻
緑色をしており、底砂やガラス、水草などにべったりと貼りつきます。イヤな臭いを発し、好んで食べる生き物もほとんどいません。水換えの際に吸い出して捨てましょう

とろろ昆布状のコケ
水草に絡まるように発生します。水草が茂ったりして、流れのよどんだ場所によく生えます。ヤマトヌマエビなど、エビの仲間がよく食べてくれます

ヒゲ状のコケ
黒くてフサフサしたコケです。フィルターの排水口など、流れのあるところによく生えます。硬く、好んで食べる生き物もあまりいないので、ブラシでこするなどして取ります

●コケが生えたら…

メダカを飼っていると、水槽のガラスや水草に、様々な色のモヤモヤしたものが発生することがあります。これらはアクアリウムの世界で"コケ"と呼ばれ、水槽内の汚れを養分として育ちます。メダカに直接の害はありませんが、見た目が悪く、中には悪臭を放つものもあるので、ないにこしたことはありません。コケとは言っても、実際には藻類の仲間で、ゼニゴケなどの"苔"とは別の生き物です。

コケの掃除と予防

水槽に発生したコケは、スポンジやスクレーパーなどでこすって落としたり、水換えのときにいっしょに吸い出すなどして処理します。また、エビ類や巻き貝、オトシンクルス（熱帯魚なので保温が必要）などはコケを食べてくれるので、何匹か泳がせておくと予防になります。茶ゴケなどの軟らかいコケは、メダカ自身もなめとって食べることがあります。

なぜ生える？

コケは、汚れがたまって富栄養化した水や、光の強い環境を好みます。コケが大量に生えるというのは、餌の与えすぎ、ろ過

メダカの飼い方

能力の不足、照明時間が長すぎる、直射日光が差しこんでいる、水換えが足りないなど、どこかのバランスが崩れている証拠なので、チェックしてみてください。

● フィルターのメンテナンス

　長期間使ったフィルターは、ゴミや汚れが詰まり、ろ過槽に水が流れにくくなります。ろ過バクテリアは酸素を好むので、ろ材が詰まってしまうと酸素が行き渡らなくなり、本来のろ過能力が発揮できなくなってしまいます。フィルターから出る水量が極端に落ちたり、目に見えて目詰まりしてきたら、ろ材をすすいで汚れを洗い流しましょう。

フィルター掃除の注意点

　ろ材は水道水で洗ってはいけません。塩素によってろ過バクテリアが死んで、ろ過能力が落ちてしまうからです。ろ材を洗う水は、水槽から取るか、塩素を中和してから使うと、バクテリアが減るのをおさえられます。

　また、ろ材を洗う際は軽くすすぐ程度にとどめましょう。徹底的に洗ってしまうと、せっかくのバクテリアまで洗い流されてしまいます。掃除をした後にフィルターを回すと多少のにごりが出ますが、すぐに透明に戻るので心配はありません。

● 底砂のメンテナンス

　水槽に敷いた砂は、水質を安定させる効果がありますが、長く飼ううちにゴミや有機物が砂の隙間にたまって、次第に汚れてきます。特に底面式フィルターは、底砂がろ材をかねているため、汚れがたまりやすく、底砂の掃除はかかせません。

底砂の掃除

　専用のクリーナーが市販されているので、数ヵ月に一度は底砂の汚れを抜いてあげましょう。汚れがたまりすぎた底砂は、

ろ材は洗いすぎないよう、軽くすすぎます

パイプの中などに詰まった汚れは、歯ブラシなどできれいにします

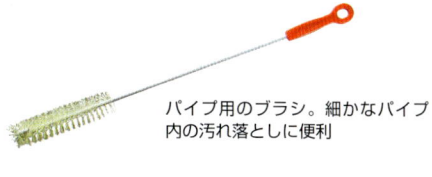

パイプ用のブラシ。細かなパイプ内の汚れ落としに便利

底砂のクリーニングは、"毒抜き"と呼ぶこともあります

水質悪化の原因になったり、病気の温床になる危険があります。

メダカを上手に飼うポイント

メダカの飼育は、ポイントさえつかめば簡単です。飼う際に気をつけたいちょっとしたコツを紹介します

●ケンカに注意！

おとなしい魚というイメージのあるメダカですが、飼っていると意外とよくケンカをします。これは、水槽で飼っているメダカはなわばりを持つようになるため、特に発情したオス同士は盛んに争います。せまい水槽でオスを2匹だけ飼っていると、弱い個体は一方的にいじめられ、ときには殺されることすらあるほどです。

ケンカは、水草や流木を多めに入れて隠れ場所をたくさんつくることで、おさえることができます。

水草や流木などのアクセサリーはケンカを防ぐ効果もあります

たくさん詰め込むのはよくありませんが、数が少なすぎても弱い個体が集中して

ヒレを大きく広げて争うヒメダカのオス

メダカの飼い方

いじめられることになります。メダカは本来群れをつくる魚なので、23ページの表を参考に、数をそろえて飼うとよいでしょう。

●強い流れはつけない

メダカは、早く泳ぐのが苦手な魚です。そのため、自然ではよどみや植物の周りなど、あまり流れの強くないところを選んで生活しています。メダカを飼育する場合も同じことが言え、水槽全体に強い水流がついていると、メダカは休むことなく泳ぎ続けることになり、体力を消耗してすぐにやせてしまいます。

モーターを使って動かす上部式や外部式は水流が強くなりやすいので、水流を弱める工夫が必要です。フィルターの給水口を壁側に向けたり、流木や石に当てて拡散することで、適度に水流を弱めることができます。また、水草を多めに植えたり、マツモなどの浮き草を入れておくのも、メダカの良い隠れ場所にもなります。

●サイズが違いすぎるものはいっしょにしない

サイズの異なるものをいっしょに飼っていると、小さい個体はいじめられやすく、またあまり餌をとることができないので、成長が遅くなりがちです。大きい方の個体はたくさん餌を食べて成長していくので、大きさにどんどん開きが出てしまいます。ひとつの水槽で飼う場合は、なるべく大きさが同じものにしましょう。

●水の汚れをチェックしよう

メダカはpH（水の酸性度）が中性前後の水を好みます。しかし汚れた水槽はpHが落ちて酸性に傾いており、亜硝酸の濃度も高くなりがちです。こうした水質の状態をチェックできる試薬が販売されているので、用意しておくとよいでしょう。

水の汚れ具合は、魚や水草の状態からもうかがえますが、試薬などを使うことで、より正確に知ることができます。

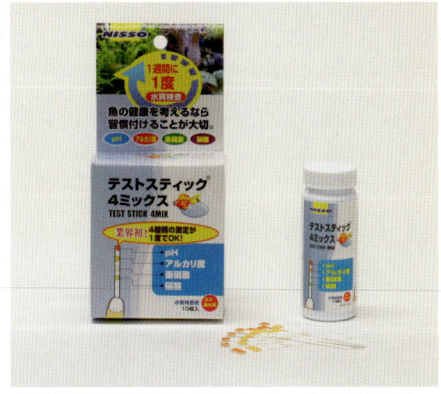

pHや亜硝酸濃度などをまとめてチェックできる製品もあります

メダカといっしょに飼える生き物

体の小さいメダカは、あまり他の生き物と飼うのに向きませんが、種類を選べばいっしょに飼えるものもいます。そんな生き物たちを紹介しましょう

ドジョウの仲間

ドジョウ
いつも水槽の底の方にいて、メダカをいじめたり争ったりすることはありません。大きくなっても10cmほどで、また、メダカが食べ残した餌を食べてくれるなど、メンテナンスの面でも役立ちます

シマドジョウ
白と黒の縞模様が美しいドジョウです。模様には様々なバリエーションがあります

ホトケドジョウ
ずんぐりした体がかわいいドジョウです。大きさも6cmほどと小さいものの、泳ぎは活発で、中層をよく泳ぎます

巻き貝の仲間

イシマキガイ
日本の川にすんでいる巻き貝です。ガラス面についたコケをよく食べるので、数匹を飼っているとコケ防止にもなります。水槽では繁殖しません

レッドラムズホーン
インドヒラマキガイという巻き貝の改良品種で、真っ赤な体が目をひきます。外国産ですが、低温に強く無加温で飼育でき、よく繁殖もします。メダカの残餌処理やコケ掃除に役立ちます

アカヒレ
中国が原産の魚です。無加温で飼育することができ、大きさも同じくらいなので、メダカと相性のよい魚です。こちらも改良品種がたくさんいます

エビの仲間

ミナミヌマエビ
エビの仲間はいつも水槽のあちこちをついばんでいるので、コケ取りや残餌処理に役立ちます。ミナミヌマエビは2cmほどと小さく、水槽内でもよく繁殖する楽しいエビです

ヤマトヌマエビ
ミナミヌマエビより大きく、4cmほどになります。体が大きい分、コケ取り能力も高いです。こちらは水槽では繁殖しません

メダカの飼い方

メダカ水槽で育てやすい水草

水草は、メダカの隠れ家や産卵場所にもなり、水の浄化にも役立ちます。水槽が華やかになるので、ぜひ植えてみましょう。水槽でも育てやすく、メダカに向く水草を紹介します

ウイローモス
流木や石に糸でくくりつけると、活着して表面をおおうように育ちます。光の弱い環境でもよく育ち、メダカの産卵場所としても適しています

マツモ
根を持たず、常に水中を漂って成長します。成長が速く、条件が合うと爆発的に繁殖します。下の方を砂に埋めて、固定することもできます

ウォータースプライト
底砂に植えても水面に浮かべてもよく成長する、丈夫な水草です。水面に浮かべると、水中にのびた根がメダカのよい産卵場所となります

アナカリス（オオカナダモ）
ペットショップでは、金魚藻の名で売られていることもあります。底砂に植えず、浮かべておくだけでも育つほど丈夫です

アンブリア（キクモ）
細い葉が丸く並んだ繊細な姿をしており、水槽の雰囲気がやわらぎます。少し汚れた水でも、調子よく育ちます

庭やベランダでメダカを飼おう

庭やベランダにちょっとしたスペースがあれば、メダカの飼育を楽しむことができます。屋外でメダカを飼う方法や注意点を紹介しましょう

外で飼う楽しみ

　水草を植えた鉢や池を屋外に置いてメダカを泳がせるというのも、メダカを飼う方法のひとつです。屋外では、豊富な日光によってメダカの餌となる微小生物がたくさん発生し、紫外線の効果か病気にもかかりにくく、メダカもじょうぶになります。泳ぎも活発になり、暖かい時期になれば勝手にどんどん卵を生み、増えていくほどです。
　室内の水槽で飼っているとややデリケートなメダカも、屋外なら難しくありません。メダカがじょうぶに育ち、飼育の手間もかからないのが、屋外飼育のメリットです。

屋外飼育では、メダカは観賞するだけでなく、水にわくボウフラなどを食べてくれるという面もあります

屋外飼育

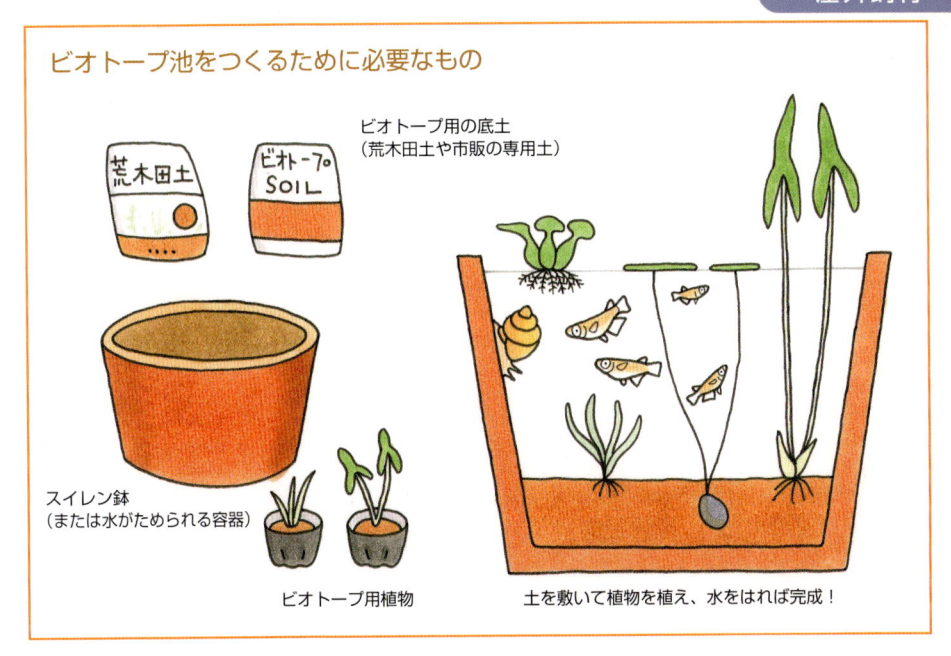

ビオトープ池をつくるために必要なもの

- 荒木田土
- ビオトープSOIL
- ビオトープ用の底土（荒木田土や市販の専用土）
- スイレン鉢（または水がためられる容器）
- ビオトープ用植物

土を敷いて植物を植え、水をはれば完成！

　水槽のように横からの観察はできませんが、メダカはもともと日本の川や池に住んでいる魚ですから、日本の気候を感じられる屋外飼育の方が向いているのかもしれません。

● どうやって飼う？

　屋外飼育では、水を入れる容器と、底に敷く土、植物があればよく、フィルターなどは必要ありません。こうして水辺の生態系を再現したものは、ビオトープとも呼ばれます。

飼育容器

　園芸店やペットショップで売っているスイレン鉢（スイレンを育てるための陶器の鉢）やビオトープ用の素焼きの鉢などを使うのが一般的です。見た目を気にしないなら、コンテナケースやトロ舟（コンクリートを練るための容器）、発泡スチロール容器、排水孔をふさいだプランターなど、水をためられるものなら何でも使うことができます。メダカは主に水面でくらすので、飼育容器は深さよりも水面の広さを重視しましょう。

土

　植物を根付かせるために敷きます。園芸店で売っている荒木田土や赤玉土、ケト土などの他、ビオトープ専用の土もあります。砂利でもよいのですが、やはり土の方が軟らかくて植物が根付きやすく、向いています。

植物

　完全に水中で育つ水草（沈水植物）の他、水底に根をはって体の一部を水上に出すもの（抽水植物）や、水面に葉を浮かべるもの（浮葉植物）、水面を漂うもの（浮遊植物）など、様々なものを育てて楽しめます。一部の園芸店やペットショップでは、夏前になるとビオトープでの育成に向いた植物が並ぶようになるので、探してみるのも楽しいものです。

メダカのためのビオトープづくり

① 底土を鉢の中にあける。こぼさないように注意

用意したもの

陶製水槽：直径60cm高さ35cmほどの素焼きタイプの鉢
底土：天然の土を使用した専用の製品（ビオソイル／6リットル入り）を3袋
植物（オモダカ）とメダカ10匹：あらかじめセットになっていたものです

② 大きなかたまりになっている部分があったら、あらかじめ手でほぐしておきましょう

③ オモダカをポットからそっと抜き、底土に埋めていきます

56

屋外飼育

④ 変化を出すため、オモダカ以外の植物も園芸店で購入して植えてみました

⑤ 植物を植え終わったら、やさしく水を足していきます。土がえぐれないように注意して注ぎましょう

⑥ 水がいっぱいになっても、しばらく足し続けます。こうすることで、水面に浮いたゴミやにごりが流れ出るので、水が澄むのが早くなります

⑦ 水をはったまま日なたに1日おくと、塩素が抜けます。水が澄んだら、そっとメダカを放しましょう。これでひとまず完成です

次ページへ ➡

他に植えた植物

ミツガシワ
春からに夏にかけて白い花を咲かせる抽水植物です

シュロガヤツリ
マダガスカル原産の熱帯植物です。傘のような葉が特徴です

ブルーイグサ
畳の原料になるイグサの仲間です。ホソイの名もあります

57

メダカも元気に泳いでいます

完成！

セットして10日ほどたった状態です。水も濁りが取れてきて、植物も成長し始めました

1カ月後

セットから1ヵ月がたち、植物もよく成長しています。また、メダカが日差しを避けられるように、追加でスイレンを植え、水中に日陰をつくっています

メダカの楽園
水中にカメラを入れてみました。太陽の光を浴びてメダカはキビキビと泳ぎ、植物もどんどん新しい芽を出しています

メダカの屋外飼育例

白メダカの白が映える
白メダカの美しさを楽しむために製作したスイレン鉢です。直径25cm深さ10cmほどの内側が黒い鉢に、黒い砂（富士砂）を敷き、白メダカの白さを引き立てています。サイドに植えたシラサギスゲもよくマッチしました

メダカがお出迎え
玄関先にずらりと並んだ鉢には、青メダカや白メダカなど、色とりどりのメダカが飼育されています。雰囲気も涼しげで、訪れたお客様にも楽しんでもらえるでしょう

屋外飼育

メダカの保育園
トロ舟に土を入れてつくったビオトープです。セットから2年以上たっているので、イネやヘアーグラス、スイレンなどが好き勝手に成長し雑然とした雰囲気ですが、これがかえってメダカたちのよい隠れ家になっています。それを利用して、ふ化したメダカの稚魚たちを育てるために使用しています

ベランダでメダカを飼う
ベランダに並んだ発泡スチロールの箱は、すべてメダカの飼育容器。様々な産地のメダカを分けて飼育しています。発泡スチロールは断熱性が高いので、意外と便利な飼育容器になります。立てかけてあるフタは、メダカが飛び出して他の産地と混じるのを防ぐためのものです

61

メダカのマンモススクール

まるで本物の池のようですが、これは個人宅の庭を掘ってつくった、広大なビオトープです。ポンプと土の中を通したパイプによってゆっくりと循環しており、完全にひとつの生態系としてできあがっています。最初に放したメダカは20匹ほどですが、1年で数えきれないほどに増えました

屋外飼育

屋外飼育のポイント

●置き場所

屋外飼育では、午前中だけ日が当たるような場所が理想です。これが難しくても、なるべく日が差す時間が短い場所を選びましょう。

夏に1日中強い日差しが当たるような場所では、暑さに強いメダカといっても、さすがに調子を崩すものが多くなり、アオミドロなどのコケも生えやすくなるので、掃除が大変になってしまいます。

また、大雨や台風などで急に増水すると、泳ぎの遅い小さな個体は、流れ出てしまうこともあります。小さな個体は、ひさしのある場所で飼うか、事前に屋内に避難させておきましょう。

普段から人の目に触れる場所にあるかどうかも、意外と大切なポイントです。目立つ場所なら、ネコや鳥などによるイタズラも減りますし、メダカの異変にいちはやく気づくことができます。反対に人目につかない場所では観察がしにくく、ついつい世話もおろそかになりがちです。気がついたら水が干上がっていた、なんてことにもなりかねません。

いったん飼育容器をセットしてしまうと、その後ではなかなか動かせないことも多いので、置き場所は事前によく確認しましょう。

●水が緑色になったら？

暖かい時期になると、水が緑色に色づくことがあります。これはグリーンウォーターや青水と呼ばれ、植物プランクトンが多く発生したため、緑色になっている状態です。見た目はよくありませんが、グリーンウォーターにはメダカの餌になる微小生物がよく発生するので、メダカにとっては心地よい環境なのです。

ただし、あまりに濃くなりすぎても、大量の植物プランクトンによって酸欠になるおそれがあるので、新しい水で水換えして、薄く緑がかるぐらいに調整します。

グリーンウォーターには、病原菌の発生をおさえたり、水温の変化をやわらげるなどのメリットもあります。

グリーンウォーターで泳ぐメダカ

●ヤゴに注意

屋外飼育では、入れたおぼえのない生き物が発生することがあります。その代表格が、ヤゴ（トンボの幼虫）です。2匹のトンボがつながっておしりを水にツンツンとつけていることがありますが、これがトンボの産卵です。屋外でメダカを飼っていると、こうしてトンボがいつの間にか産卵していき、ヤゴが生まれます。ヤゴは水中の

ヤゴは見つけ次第、取り除きます

小さな生き物を食べますが、もちろんメダカも例外ではありません。メダカが減っていたり、メダカのバラバラ死体を見つけた場合は、ヤゴの発生を疑いましょう。ただし、ヤゴは泥の中に隠れていることも多くて見つけにくいので、アミで水底をすくうなどしてチェックしてみましょう。発見したヤゴはすぐ取り除いておきます。

ヤゴの発生を防ぐには、飼育容器をネットで覆ってトンボが入れないようにすればよいのですが、観賞や世話がしにくくなります。ヤゴは、なるべくこまめにチェックして取り除くのが、最も手っ取り早い対策といえます。

● 世話

餌やり、水中に生えたコケの掃除、蒸発して減った水を足す、といった世話がメインで、さほど手間がかからないのも、屋外飼育の魅力です。餌となる微小生物が発生しやすいため、餌の量は室内飼育より控えめにして問題ありません。むしろ、与え過ぎは水質悪化につながります。

● 春の管理

春になって水温が10℃を超すようになると、メダカはだんだん泳ぐようになり、餌を食べ始めます。この時期はまだ調子が上がっていないので、あまりたくさん給餌してはいけません。4月から5月になって水温が上昇するのにあわせて、餌の量も増やし体力をつけさせましょう。5月ごろになれば、産卵も始まります。

● 夏の管理

高水温になる夏場は、1年でもっとも気をつかう時期です。水温が30℃を超えるような高温になる場合は、よしずなどで覆って日陰をつくってやりましょう。ただし密閉はせず、風通しもよくします。この時期はひんぱんに産卵し、次々と稚魚が生まれます。よく見ると水面に針のような稚魚がいることがありますが、そのままでは親に食べられてしまうので、すくって別の容器に移しておきましょう。また、アオミドロなどのコケもよく生えるので、まめに指やピンセットでつまみ出します。

タニシは、コケの予防や除去に効果があります

● 秋の管理

9月をすぎると、だんだんと産卵をしなくなります。秋は冬越しに備えて体力をつける時期なので、栄養価の高い餌をしっかりと与えましょう。

● 冬の管理

10月を過ぎ秋が深まると、朝夕がぐっと冷え込むようになり、メダカの活性も徐々に下がっていきます。水温が5℃を切るようになるころには、水底でじっとしてほとんど動かなくなります。水温の変化をなるべくおさえるため、フチいっぱいまで水をはっておきましょう。なお、雪が多く降る地域では、念のため屋内に入れるなどの対策をしておきます。

屋外飼育

屋外飼育に使える植物

メダカの屋外飼育で、入手が簡単で使いやすい植物を紹介します。これ以外にもたくさんの種類があるので、お店や図鑑で探してみましょう

オモダカ
日本各地の水田などに生えます。水面から20〜50cmほど立ち上がり、細長い逆ハート型の葉をつけます。丈夫で育成がしやすいので、手間がかかりません

アサザ
水底に長い地下茎を伸ばし、水面に丸い葉を浮かべる浮葉植物で、黄色い花を咲かせます。霞ヶ浦などでは、水質浄化のために利用されています

スイレン
水面に葉を広げて日陰をつくるので、メダカのよい隠れ場所になります。また、水面に咲かせる美しい花も楽しめます。ヒメスイレンなど、小型の種類が向きます

ホテイアオイ
南米原産の浮き草です。繁殖力が強く、根がメダカのよい産卵場所となります。寒くなると枯れて水質を悪化させるので、秋には取り出しておきます

イネ
春先に園芸店などで苗が手に入ります。植えてみると、田んぼの住人であるメダカによく似合うでしょう。食べるほどは実りませんが、種モミを収穫する楽しみもあります

メダカを繁殖させてみよう

メダカを飼う楽しみのひとつに、卵を産ませて殖やすというものがあります。自分の水槽で生まれ育ったメダカは、愛着もひとしお。ぜひ繁殖に挑戦してください

解説（67、71-74ページ）／秋山信彦

メダカの性別の見分け方

オス

背ビレが大きく、後半に切れこみがある

しりビレが長く大きい

メス

背ビレには切れこみがなく、小さい

お腹がふっくらとしている

しりビレは小さい

繁　殖

メダカの産卵にもっともよい条件

照明は13時間以上
メダカは夏にもっともよく産卵します。照明時間を13時間以上にして水温を上げると、夏が来たと思い、さかんに産卵を始めます

水温は25℃前後
メダカは25℃前後がいちばん活発で、毎日のように卵を産むようになります

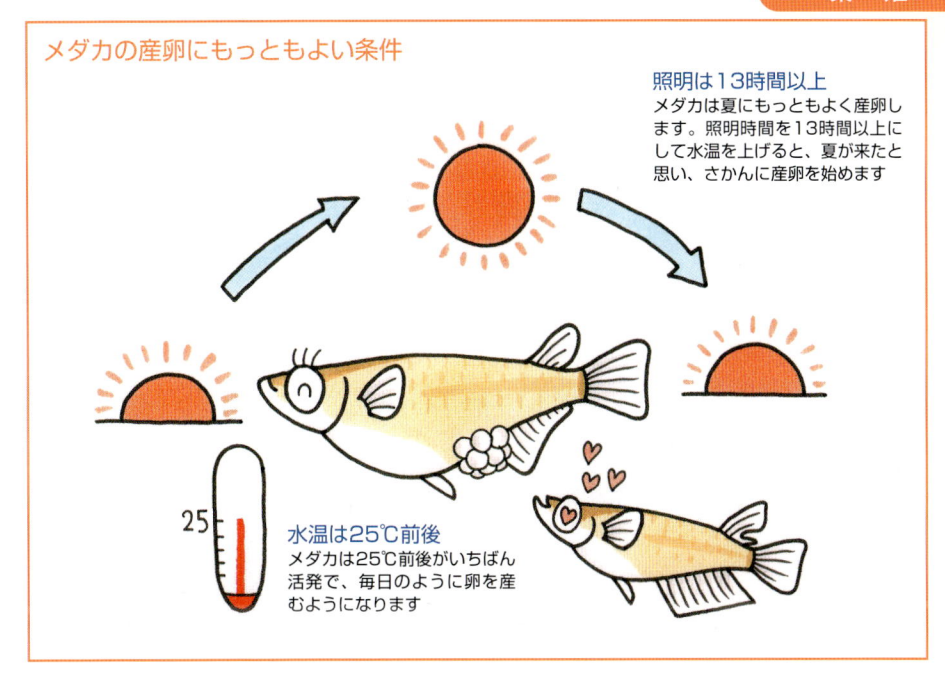

　メダカを繁殖させるには、手をかけず自然にまかせて繁殖させる方法と、効率よく大量に繁殖させる方法の2通りがあります。

● 水槽で繁殖させる

　まずは水槽で繁殖させる方法を解説しましょう。水槽をたくさん用意すれば、効率よく大量に繁殖させることもできます。ただし水槽では、生まれた稚魚が親に食べられやすくなるので、ちゃんと繁殖させるためには、いくつかの水槽が必要になります。

セッティング

　まず、親に産卵させるための水槽として、45～60cm程度の水槽と、簡単なフィルターを用意しましょう。底面式フィルターやスポンジフィルターのようなエアリフトを利用したものの方が、ポンプを使ったろ過槽よりも水流がゆるやかなので、メダカにとっては良いようです。

　メダカの繁殖期は昼間の長さに支配されているので、蛍光灯を1日に13時間以上点灯し、そうした条件を作ってやる必要があります。これには、タイマーを利用すると簡単です。水温については特にコントロールする必要はありませんが、よく光の当たる窓際では夏に水温が上がりすぎるため良くありません。メダカは高水温でもだいじょうぶですが、一緒に入れる水草が枯れやすくなります。できれば直射日光の当たらない場所に水槽を置き、蛍光灯とタイマーによる長日処理（日照時間を長くすること）が、効率良い繁殖につながります。

　このような水槽に入れる親メダカの数は、おおよそ20匹程度がよいでしょう。もちろん雌雄半分ずつにしてやるのが望ましいですが、これだけ入れれば雌雄どちらかだけになることはないので、雌雄を選ぶ必要はありません。

71ページへ続く ➡

メダカの産卵からふ化まで

求愛行動
メス（上）を見つけたオスは、ヒレを広げて盛んにアピールします。興奮したオスの腹ビレが、黒く変化しています。メダカの産卵は、朝の早い時間に行なわれます

産卵の準備
メスは、オスを気に入ると、寄りそって泳ぐようになります。オスは、大きな背ビレとしりビレを使ってメスを抱きかかえるようにつかまえ、産卵をうながします。この後、産卵と放精が行なわれ、卵が受精します

卵を持ったメス
産んだ卵は、しばらくメスのお腹にぶら下がっています。産卵から数時間もすると、メスは水草などに卵を移します

水草に卵をつける
メスは、水草などのとなりで体をくねらせて、お腹の卵を付着させます

繁　殖

メダカの卵
卵は、水草や流木など、水中にある物に付着して育ちます。卵は無色透明ですが、親が食べた餌によっては、薄く色づくこともあります

卵の纏絡糸（てんらくし）
メダカの卵の表面には、纏絡糸という糸がたくさん生えています。これによって物にからみつき、水に流されたり水底に落ちないようになっています

カビた卵
水カビにおかされてカビてしまった卵。他の卵もカビさせることがあるので、こまめに取り出しましょう

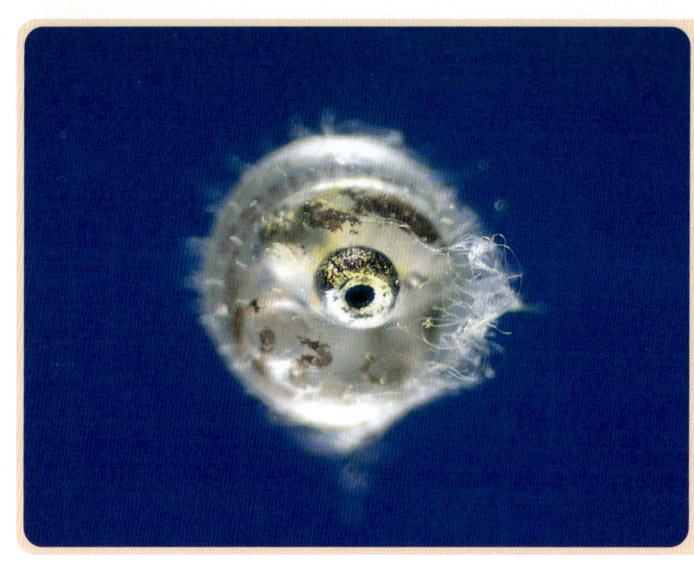

発眼した卵

1mmほどの卵の中では、メダカが成長しつつあります。すでに卵の中でくるくると回り、眼をキョロキョロさせて辺りを見回す様子が見られます

ふ化

水温によってちがいますが、産卵から10日～2週間もすると、ふ化が始まります。ふ化後しばらくは水面でじっとしており、そのままにすると親メダカに食べられてしまうので、早めに取り出しましょう

繁殖

● ふ化〜稚魚の世話

産卵と卵の管理

　水草は管理が簡単なことから、オオカナダモかカボンバがよいでしょう。この2種はペットショップでも購入できます。水槽で産卵させる場合にはあまりたくさん水草を入れず、1〜2本で十分です。メダカは早朝に産卵し、しばらくの間メスは腹部に卵をぶら下げていますが、おおよそ午前中には水草に卵を付着させます。メスの腹部にあった卵がなくなったら、ほとんどの場合は水草に付着させています。親は卵を見つけると食べてしまうので、水草ごと抜き取って別の水槽へ移動させましょう。

　産卵水槽には新たに水草を1〜2本入れてやれば、翌日には再び産卵してくれます。また、卵だけをそっと水草からはずしてシャーレに入れ、ふ化まで管理するという方法もあります。取り出した卵は0.2ppm（1ppm=100万分の1）程度のメチレンブルーで薬浴すると、卵に水カビが発生しにくくなります。

　いずれの場合も、親と産みつけられた卵を隔離することが重要です。

親と卵は分けておきましょう

市販の稚魚用の人工飼料。こうした餌だけでも、十分に育てることができます

稚魚への給餌

　卵は水温24〜25℃で、およそ10日でふ化します。仔魚はふ化して数時間すると、餌を食べるようになります。生まれたてのメダカには、ブラインシュリンプは大きすぎますが、ふ化したて（ノウプリウス幼生）であればかろうじて捕食できるので、ふ化後できるだけ早い時期のものを与えるのが望ましいでしょう。ただ、メダカの稚魚は人工飼料でもすぐに食べ、消化することもできるため、細かく砕いた人工飼料を与えてもよいでしょう。そうしたものであれば、水面に分散しながら浮くので、まいた餌の量も把握しやすくなります。ただし、やりすぎには注意してください。

　一般的な魚類の親であれば、1日あたり体重の2〜3％程度の餌を与えればよく、成長期の稚魚でも4〜6％程度の餌を摂餌すれば十分です。メダカの稚魚は与えた餌に寄ってきて積極的に食べることはないので、食べる分だけを水槽に入れたのでは餌を見つけにくくなり、十分な量を食べることができません。そのため、食べる分よりも多めに水槽にまいてやり、餌を見つけやすくすることが重要です。ただ、あまりに多く与えると、食べ残しが腐敗し、水質悪化につながってしまうので注意してください。

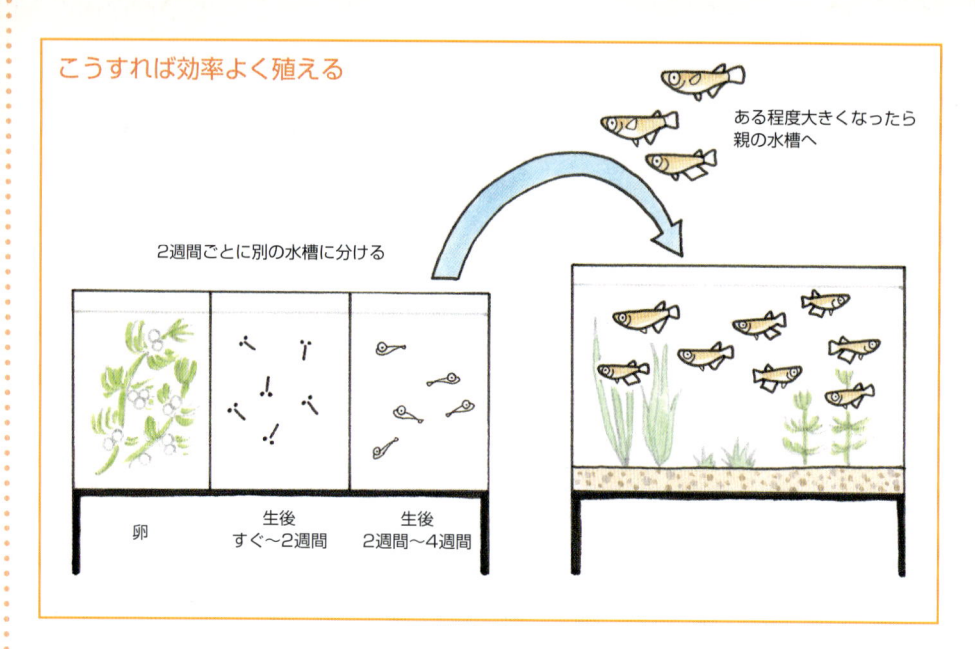

こうすれば効率よく殖える

ある程度大きくなったら親の水槽へ

2週間ごとに別の水槽に分ける

卵 ／ 生後すぐ〜2週間 ／ 生後2週間〜4週間

●効率よく殖やそう

　ふ化用の水槽には、せいぜい2週間分の卵を入れるのが限界です。なぜなら、最初に生まれたメダカがどんどん大きくなって、後から生まれた仔魚を食べてしまうからです。大きくなったメダカをすくいだして別の水槽に移してもいいのですが、大きい個体のみすくい出すのは意外と難しく、小さな個体も網に入ってしまうことが多いです。小さな個体は網でスレやすく、あっさりと死んでしまうこともあります。そこで、30cm程度の小さな水槽を3つ準備しておき、ひとつの水槽に2週間分の卵が入ったら、次の水槽に卵を入れるといったように、順ぐりに卵を入れる水槽を変えてゆくとよいでしょう。この方法なら、始めに卵を収容した水槽で最後にふ化したものも4週間その水槽で生活することになります。このころになると、鱗もきちんとできてスレにも強くなります。こうなれば、大きな水槽へ移動できるようになります。3つめの水槽がいっぱいになるまでにひとつめを空けておき、再びこの水槽に卵を入れます。

　この卵およびふ化水槽ではスポンジフィルターを用い、砂を敷かないようにします。砂を敷かない方が、底にたまった残餌やフンをサイホンやスポイトで吸い取ることができ、こまめに掃除をすれば、水質悪化を防ぐことができます。

　ふ化してから4週間すると餌もかなり活発に食べ、遊泳力も強くなります。このような状態になれば、親と同様の飼育方法で問題ありません。ただし、ポンプを使ったろ過槽の場合には吸い込まれる危険があるので、吸い込み口に細かいメッシュのストレーナーを取り付けたり、水の吐き出し口の流速を落とすような工夫をします。その点、前に述べたエアリフトを用いたフィルターであれば、吸い込まれたり、水に叩きつけられてしまう心配はありません。

　以上のように飼育すれば、20匹のメダカから、5ヵ月で1000匹単位で殖やすこともできるのです。

繁　殖

● 自然に殖やす方法

　自宅に池や大きなビオトープを持っている方は、粗放的な方法で繁殖させることが可能です。この方法はあまり手を加えず、自然に近い状態で繁殖させる方法です。

　池はそれほど深くなくてもよいですが、夏に炎天下にさらされるような場所では水草が枯死し、水質が急変することがあるので、注意が必要です。このような場合にはヨシズのようなもので日陰を作るとよいでしょう。池の場合、後のメンテナンスを考慮すれば、砂は池の底にそのまま敷かず、10～15cm程度の深さのコンテナに敷いてそこに水草を植えると便利です。この時、コンテナには底面式フィルターを設置すると、良好な環境を維持しやすくなります。底面式フィルターを設置するのは、水をろ過する意味もありますが、砂粒の間の水を動かすことによって酸素の含まれた水と交換し、還元的環境をつくらないことも目的のひとつです。

　また、水草は産卵基質となるだけでなく、仔魚や稚魚の隠れ家となるので、エビモやササバモのような葉と葉の間隔が長いものではなく、フサモやクロモといった葉と葉の間隔が短いものの方がよいでしょう。扱いやすく入手しやすいという点では、オオカナダモ、コカナダモ、カボンバがあげられます。これらの植物のほかに、ホテイアオイのような浮き草

ふ化したての稚魚

も根が産卵基質となります。これらの水草を入れておけば、メダカは勝手に繁殖して増えていくでしょう。ただし、水草は繁茂すると水面近くでは青々として良好な状態となるものの、水底には光が届かなくなるため、枯れる部分が増えてきます。こうなると水質が悪化しやすいので、水草も定期的に間引くとよいでしょう。

給餌

このような粗放的な飼育では餌を与えず、餌となる生物が自然に増え、それに見合う数のメダカが繁殖することが最も望ましいと言えます。しかし、小さな池ではなかなかそこまではいきません。そこで、給餌することになるのですが、できれば生きたミジンコやイトミミズを与えたいところです。このような生きた生物を定期的に与えておけば、餌生物も多少増殖します。ただし、あまりたくさん投入すると、池の酸素が欠乏し、その結果アンモニアが速やかに硝化されなくなり、メダカがアンモニアの急性毒によって死んでしまうこともあります。また、毎日適量の配合飼料や乾燥飼料などを与えてもよいでしょう。この場合も与えすぎは十分に注意してください。メダカのような生物は一日中少しずつ餌を食べ続け、一気にたらふく食べるということをしません。したがって餌をいっぺんにたくさん投入すると、食べきれず水底にたまり腐敗してしまいます。このようなことを考えると、生きた餌を適量入れておくほうが、粗放的な飼育には適していることがわかります。水槽での飼育であれば簡単に水換えができますが、池で飼育する場合は意外と重労働になるものです。配合飼料を与える場合には、観察しながら食べる分を与えてゆくことが望ましいでしょう。

注意点

餌を与える際などは、水草の間に注意してください。よく見ると、生まれたばかりの小さな稚魚が泳いでいることがあります。このような稚魚がたまっているような場所に、細かく砕いた人工飼料を少しまいてやると、生き残る率が上がります。

もうひとつの注意点としてあげられるのは、トンボです。トンボが水面で産卵している姿は優雅でながめていても飽きないものですが、産みつけられた卵からふ化したヤゴが問題となります。都会でもギンヤンマもしくはシオカラトンボがいつの間にかどこからかやってきて、産卵していきます。気付いたらメダカは全くいなくなって、ヤゴばかりということがよく起こります。すべて駆除する必要はないですが、なるべくヤゴが発生しないよう気をつけましょう。

こうした池なら、なにもしなくてもメダカは自然と増えていきます

繁殖

メダカを上手に殖やすポイント

● 親には十分な栄養をとらせよう

　水温や照明時間が十分でも、産卵しないことがあります。こんなときは、メダカが十分に餌を食べているかをチェックします。メスが卵を産むには、やはり十分な栄養をとらなければなりません。アカムシやブラインシュリンプなど栄養価の高い餌を多めに与えれば、やせたメダカも、よく太って卵を産むようになります。

● ふ化してしばらくは餌をあげない

　卵からふ化したメダカは、お腹に栄養を蓄えています。ふ化後2日くらいはこの栄養分で育つので、餌は食べません。その間に餌を与えても、水質悪化の原因となるだけで、場合によってはメダカが死んでしまいます。給餌は、ふ化して2～3日目以降から開始します。

● 稚魚の共食いを避ける

　先にふ化した子が、後からふ化した子を食べてしまい、いつまでたっても数が増えないことがあります。子供同士の共食いを防ぐには、1～2週間単位ぐらいで卵か稚魚を分けていくのが有効です。やや面倒ですが、こうすると得られる稚魚の数がグンと多くなります。

● 稚魚はすぐに隔離

　親魚は、稚魚を見つけ次第に食べてしまうので、すぐに別のケースに移すようにしましょう。

● うまくいかない場合は、親を移動

　親が産卵した後に、卵ではなく親を別の水槽に移動します。こうすると、卵がふ化するころには餌となる微小生物が適度に発生するので、放置しておいてもある程度の稚魚が残ります。とりあえず稚魚を残したい、という場合に有効です。

● グリーンウォーターを活用しよう

　メダカの稚魚がいつの間にかいなくなるのは、たいてい餓死が原因です。

　どうしても稚魚がうまく育たない場合は、グリーンウォーター（63ページ参照）を使ってみましょう。グリーンウォーターには多くの微小生物がいるので、稚魚はこれを食べることができます。グリーンウォーターは、メダカなどを飼っていた水をプラケースなどに入れ、日当たりのよい場所に置いておけば、簡単につくれます。

外国のメダカ

日本のメダカは、オリジアス属というグループに含まれます。オリジアス属は、アジアを中心として多くの種類がおり、観賞魚として手に入るものもいます。日本のメダカと同じ仲間だけあって、飼育や繁殖がやさしいものも多く、熱帯魚の入門種としても適しています

オリジアス・ニグリマス
学名：*Oryzias nigrimas*
分布：スラウェシ（ポソ湖）
大きさ：4cm

ニグリとは黒、マスはオスを意味します。普段はグレーがかった色ですが、興奮したオスは写真のように全身が真っ黒に変わり、メスにアピールします。これは、群れの中でも強い個体に限られるようです。ユニークなメダカですが、観賞魚としてはあまり流通しません

外国のメダカ

セレベスメダカ
学名：*Oryzias celevensis*
分布：スラウェシ
大きさ：5cm

スラウェシ（旧名セレベス）島に生息するのでこの名があります。高さのある体と、体の中央を走るブルーラインが特徴で、観賞魚としてよく入荷します。美しく、飼育や繁殖もしやすい魚です。オリジアスの中では、かなり大きく成長します

ジャワメダカ
学名：*Oryzias javanicus*
分布：東南アジア
大きさ：2〜4cm

東南アジアの、川と海の混じる汽水域から淡水域に広く生息しています。地域によっては大きさに違いが見られることもあります。観賞魚としても入荷し、飼育は難しくありませんが、汽水域産のものは塩分を含んだ水の方が調子よく飼えます

インドメダカ
学名：*Oryzias melastigma*
分布：インド東部
大きさ：4cm

高さのある体と、しりビレが白く縁取られるのが特徴です。観賞魚としてもよく輸入されており、飼育・繁殖とも難しくありません。オスは、しりビレの条が1本ずつ伸びて糸のようになります

タイメダカ
学名：*Oryzias minutillus*
分布：タイ
大きさ：2cm

オリジアスの中では最も小さく、2cmほどにしかなりません。観賞魚として時折入荷し。飼育は容易です。稚魚もかなり小さいので、繁殖させるには、水草などを多めに植えて微小生物が発生しやすくするとよいでしょう

メコンメダカ
学名：*Oryzias mekongensis*
分布：メコン川（タイ）
大きさ：2cm

タイメダカによく似ていますが、尾ビレの端が鮮やかなオレンジ色になる点で見分けられます。飼育や繁殖についても、タイメダカと同じようにやればよいでしょう

オリジアス・マタネンシス
学名：*Oryzias matanensis*
分布：スラウェシ（マタノ湖）
大きさ：5cm

体の後半が黄色みがかっており、不規則な斑点が入るのが特徴です。美しいメダカですが、観賞魚として出回る数は少なく、手に入れにくい種類です

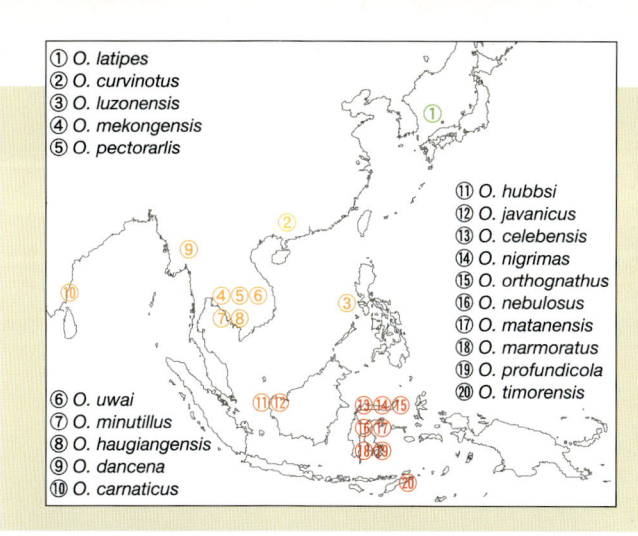

① O. latipes
② O. curvinotus
③ O. luzonensis
④ O. mekongensis
⑤ O. pectorarlis
⑥ O. uwai
⑦ O. minutillus
⑧ O. haugiangensis
⑨ O. dancena
⑩ O. carnaticus
⑪ O. hubbsi
⑫ O. javanicus
⑬ O. celebensis
⑭ O. nigrimas
⑮ O. orthognathus
⑯ O. nebulosus
⑰ O. matanensis
⑱ O. marmoratus
⑲ O. profundicola
⑳ O. timorensis

外国のメダカ

オリジアス属の分布

オリジアスの仲間は東南アジアに広く分布し、20種類ほどが知られています。そのうち、日本のメダカ（*Oryzias latipes*）は最も北に生息しています

オリジアス・マルモラートゥス
学名：*Oryzias marmoratus*
分布：スラウェシ（トゥーティー湖）
大きさ：5cm

全身が黄色みがかる、たいへんきれいなメダカです。オスのヒレは黄色く縁どられ、さらに美しくなります。観賞魚としてはめったに流通しません（写真は現地で撮影）

オリジアス・ネブロスス
学名：*Oryzias nebulosus*
分布：スラウェシ（ポソ湖）
大きさ：3.5cm

成熟したオスは黒っぽい姿になりますが、メスはグレーがかった体色をしています。観賞魚としてはほとんど流通していません（写真は現地で撮影）

オリジアスの仲間

タイの汽水域で見つけたメダカの仲間。ジャワメダカに似ており、やや体高のある体つきをしています。こうした不明種も、他の魚に混じって日本に輸入されることがあります。お店の水槽を探してみると、意外な魚に出合うかもしれません

メダカの採集に挑戦

暖かい時期には、野生のメダカに合いにでかけてみましょう。メダカがどんな暮らしをしているか観察するのも、飼育に役立ちます。メダカ以外にも、いろいろな生き物に出合えるでしょう

幅のせまい小さな用水路でも、メダカは残っていることがあります。見つけたら、アミでやさしくすくってみましょう

メダカ以外の魚がアミに入ることもあります

メダカを持ち帰る前に、目的以外の魚や必要以上に採れたメダカは、川に返してあげましょう。いっしょに入ったゴミも取り除いておきます

●メダカ採りに出かけてみよう

　数が減ったと言われるメダカですが、本来とてもじょうぶでよく繁殖する魚ですから、生息環境さえ残っていれば、そうそういなくなることはありません。

　護岸されていない昔ながらの小川や、岸辺に植物の茂った用水路などを探すと、意外とたくさんのメダカに出合うことができるでしょう。生い茂った植物の周りは、餌となる微小生物が豊富で流れがゆるやかになるので、メダカの好むポイントです。こうした場所を探してみると、見つけやすくなります。

　なお、地域ぐるみでメダカを保護しているところもあるので、そうした場所での採集はやめましょう。

●メダカの採り方

　メダカを採集するのは、アミを使うのが最も手っ取り早い方法です。水面近くを泳いでいるので、そこをサッとアミですくえばよいのですが、目がよいため逃げられてしまうこともあります。確実なのは、アミを両手に持ってメダカを前後から追いこむか、2人がかりではさみうちにする方法です。

採集に挑戦

メダカは常に群れで移動しているので、一方のアミは動かさず、もう一方のアミを動かしてメダカを追いこむと、採集しやすくなります。

●乱獲はやめよう

採集したメダカを飼うために持ち帰るなら、10～20匹もいれば十分です。メダカを守るためにも、あまりたくさんの数を持ち帰るのはさけてください。もし、もっとたくさん飼いたいのなら、持ち帰ったメダカの繁殖に挑戦してみましょう。繁殖はそれほど難しくないので、うまく殖やせば、すぐに何倍もの数にすることができます。

●持ち帰ったらトリートメントを

持ち帰ったメダカは、アミですくった際に体表がスレて細かな傷がついているため、ここから病原菌が入って病気になったり、死んでしまうことがあります。

これを防ぐのが、薬浴（トリートメント）です。採集してきたメダカは、すぐには飼育水槽に移さず、エルバージュなどの薬を溶かした水槽で1週間ほど泳がせておきましょう。こうすることで、病気を予防できます。

持ち帰る際には携帯式の酸素ボンベとビニール袋が便利です。熱帯魚ショップなどで手に入ります。ビニール袋に魚を入れたら、酸素を詰めて輪ゴムでしばります

採集してきたメダカのトリートメント水槽。薬は光に当たると効き目がなくなってしまうので、明るい場所に置かないようにします

トリートメントには、エルバージュやグリーンFゴールドなどを使います。使用時は説明書をよく読んで、規定量を守りましょう

コラム

カダヤシに要注意

メダカを採集していると、「カダヤシ」という小さな魚が採れることがあります（99ページ）。メダカによく似ていますが、尾ビレが丸く、オスのしりビレが棒状の交接器になっているので見分けられます。また、卵を産むのではなく、メス親が直接稚魚を出産するのも特徴です。

カダヤシは北アメリカ原産の魚で、もともと日本にすんでいたわけではありません。肉食性が強く水生昆虫などを好んで食べるので、伝染病の原因となる蚊の幼虫（ボウフラ）を退治する目的で、1916年に日本に持ちこまれました。低水温や汚れた水にも強いので、全国に分布を広げています。メダカと似た環境を好み、また性格が荒いので、メダカが減った原因のひとつとも言われています。

●持ち帰ったり飼育はできない

カダヤシは、2006年2月に「外来生物法」の特定外来生物に指定され、輸入や運搬、飼育が禁止されました。もしつかまえたら、処分するか、移動させずにその場で放流するよう定められています。違反すると罰金などが科せられることがあるので、注意してください。

メダカの病気

メダカは丈夫な魚ですが、ときには病気にかかることもあります。体の小さなメダカにとって、病気になることはたいへん危険なことです。早めの発見と治療を心がけましょう

●よく見られる病気

白点病
症状：体表やヒレに、小さな白い点がポツポツとつき、かゆがって石や流木などに体をこすりつけるようになります。症状が進むにつれて、白点は体全体に広がり、死んでしまいます。また、他の個体にうつりやすいので、発見したら早めに治療しましょう。
原因：白点虫と呼ばれる原虫が、体表に寄生することでおきます。春先などの、水温が不安定な時期によく発生します。
治療：原因となる白点虫は高水温に弱いので、ヒーターで水温を28〜30℃に上げると、数日ほどで治ることが多いようです。また、専用の治療薬（グリーンFなど）が多く市販されているので、これを投薬するか、塩を全水量の1％ほど入れても効果があります。
　白点病はメダカでもっともよく見られる病気ですが、治療はさして難しくありません。

カラムナリス病
症状：ヒレの先端や口先、体表などが白く変色して溶けたようになり、だんだんと範囲が広がっていきます。ヒレに発生した場合は、硬い条だけが残り、バサバサのヒレになることがあります。
原因：体にできた傷に、フラボバクテリウム・カラムナリスという細菌が感染することで起こります。ヒレに感染した場合は尾腐れ病やヒレ腐れ病、口先の場合は口腐れ病など、発症した部分によって名前が異なりますが、原因は同じです。
治療：水を全体の半分以上換えて、市販の治療薬（グリーンFゴールドなど）を使います。病気のかかりはじめでは、全水量の1％ほどの塩を入れても効果があります。

水カビ病
症状：ヒレや体表に、ふわふわとした糸状

白点病

カラムナリス病

水カビ病

各種の魚病薬

のものが発生します。
原因：サプロレグニアやアファノマイセスと呼ばれる細菌が、体表にできた傷から感染することで発症します。
治療：塩を全水量の0.5%ほど溶かし、市販の治療薬（メチレンブルーなど）を併用します。原因となる細菌は、健康なメダカの体表には感染できないので、メダカを傷つけないようにすることで予防できます。

その他

古くなって傷んだ人工飼料や、あまり清潔でない生き餌（ちゃんと洗っていないイトミミズなど）を大量に食べることによって、消化不良や体内での有毒物質の発生などが起こり、死亡することがあります。

● 病気は予防が大切

体の小さなメダカにとって、目に見てわかるほどの症状が現れたときには、すでに手遅れという場合も多くあります。病気は出てから治すのではなく、かからないように予防することの方が重要で、発症してしまった場合でも、早期発見・早期治療が大切です。

飼育しているメダカは、普段からよく観察し、水槽の下でじっとしている、食欲がない、体を物にこすりつけるなど、いつもと違ったところがないか、チェックするくせをつけましょう。

明らかに調子のおかしいものは、治療方法がわからない場合でも、他の容器に隔離するようにします。こうすれば、健康なメダカにまで被害がおよぶのを避けることができます。

● 予防のための注意点

水質を悪化させない…

汚れがたまった水では、メダカの抵抗力も下がってしまい、病気にかかりやすくなります。メダカを詰めこみすぎたり、水換えを長い間サボっている水槽では、病気も発生しやすくなります。

新入りは健康チェックを…

新しくメダカを足す場合、そのメダカが病気を持っていると、他のメダカまで感染してしまいます。元気がなかったり、体に症状が出ていないか、事前によく確かめましょう。できれば別に水槽を用意して、そこでしばらく飼いながら様子を見るのがベストです。

メダカに傷をつけない…

メダカをアミですくうときは、できるだけていねいに扱ってください。乱暴にすくったりすると、体表にスレ傷がつき、病原菌に感染しやすくなります。

餌は与えすぎない…

餌の与えすぎは、水の悪化や肥満の原因になるなど、メダカの健康に悪影響を与えます。人間と同じく、メダカも腹八分目が良いのです。

メダカが病気にかかるのは、飼い主の不注意から起こることがほとんどです。普段から水換えをしっかりと行ない、清潔な飼育環境を維持することが、最も確実な病気の予防方法と言えるでしょう。

塩は殺菌効果が高く、またメダカは塩分に強いので、調子の悪いメダカがいる場合は、薄め（0.5%ほど）の塩水で泳がせるのも効果の高い方法です

メダカをアミですくう際は、スレ傷がつかないよう、なるべくそっと扱いましょう

メダカの生態を知ろう

北海道を除く日本各地で見られるメダカは、歌にもなるほど日本人に親しまれています。小学校の理科の教科書にも、形態や生態の一部が紹介されていることから、メダカを知らない人はいないと言っていいほどでしょう。そんなメダカの特徴について、より詳しく解説します

解説／秋山信彦

● **体の特徴**

メダカは体長3cm程度の小型の魚類です。口はやや上向きについており、下あごが上あごよりも前方に突き出ています。

オスの背ビレとしりビレは、メスのそれよりも大きくなります。オスの背ビレには6本の軟条がありますが、第5軟条と第6軟条との間だけ他の鰭条間よりも開いているために、切れ込みがあるように見えます。また、オスのしりビレは各鰭条間の鰭膜が切れ込んでおり、ギザギザしているように見えます。一方、メスではこのような切れ込みがほとんどないことで、簡単に雌雄を見分けることができます。

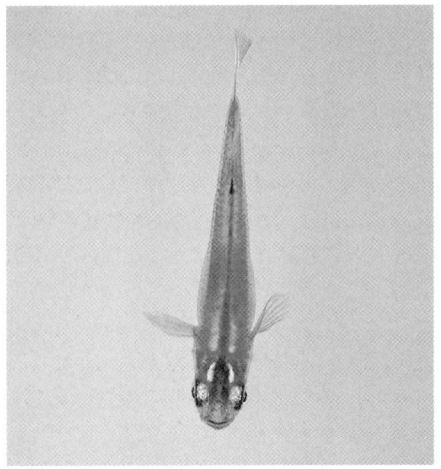

上から見たメダカ。目が大きく、体の上方にあることがわかります

● **メダカの暮らす場所**

本来メダカは灰色の体をしていますが、ペットショップなどでは品種改良された黄色のヒメダカが販売されていることから、これがメダカと思っている子どもも少なくないようです。特に最近では、メダカの住める場所が少なくなり、自然界で姿を見ることがめっきり減ってしまいました。特に、都会ではほとんどその姿を見ることができません。

そもそもメダカは、どのような場所で生活していたのでしょうか？ 実は、メダカは水田稲作とともに生息地を広げたといっても過言ではないほど、水田と関わりの深い生き物です。メダカがよく見られるのは、水田脇の用水路や小川、ため池などです。大きな河川でも比較的流れのゆるやかな場所では姿を見ることができますが、多くの場合は水田の周辺です。そのためメダカの学名である*Oryzias latipes*は、イネの属名である*Oryza*にちなんだものとなっています。つまり、メダカはゲンジボタルのような水棲ホタルと同様、人間が農耕することによって良好な生息環境が維持されてきた生物のひとつと考えられるのです。

稲作が行なわれている地域では、水田脇の用水路、それにつながる細流や小川、ため池などが主な生息地となります。このような場所でもメダカが生活圏としているの

生態を知ろう

植物が水面におおいかぶさった小川。メダカはこうした環境を好みます

は、比較的浅いところが多いのです。池のような場所では、池の中央に集まることはあまりなく、周囲の浅い場所に群れているのが多く見られます。人影を見るとすぐに沖へと逃げてしまいますが、静かにしていると戻ってきます。ほかにもメダカは湿地で見ることができますが、この場合ごく浅い場所に生えた植物の間で暮らしています。

　これらの場所で、メダカは動物プランクトンや落下昆虫、他の魚類の仔稚魚、底棲生物などの動物質や、植物プランクトン、藻類、浮き草の根などの植物質といった様々なものを食べています。

　メダカが安定して生活している場所では、水草が繁茂したり、水際の陸上植物が川面に垂れ下がっているのがよく見られます。このような障害物は、外敵となる生物から身を隠すだけでなく、メダカが産卵する場所にもなります。また、水中に障害物がたくさんあることで構造が複雑になるため、そこに様々な底棲生物が生活するようになり、メダカの餌が増えることにもつながります。それだけでなく、河床や側面が複雑だと、水の流れが複雑になって場所によって速くなったり、遅くなったりします。このような多様性のある環境であれば、流れのゆるやかな場所を好む生物、速いところを好む生物など様々な種が同じ水路で生活することが可能となります。また、陸上植物が川面に垂れ下がるような場所ではさらに流れに多様性ができるだけでなく、陸上の小さな昆虫類が川面に落ちやすくなり、これもメダカにとってはよい餌となります。多くの場合、このような場所は水田の用水路やそれに続く小川なのです。

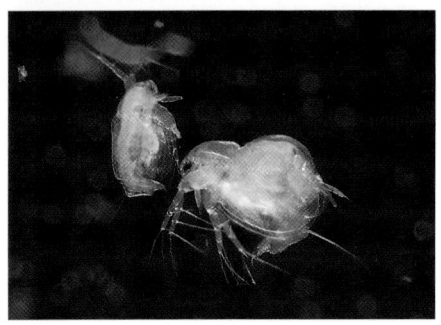

水田にはミジンコなどの微小生物がよく発生し、メダカのよい餌となります（写真はタマミジンコ）

●水田の魚・メダカ

　メダカは農繁期であれば水田にも進出し、生活圏を広げます。最近は水田の中にメダカがいることは少なくなりましたが、水田は広大な面積があり、光がよく届くことから小川や用水路よりも一次生産（植物によってつくられる有機物の量）が高く、それに伴いミジンコやケンミジンコなどの動物プランクトンやイトミミズのような底棲生物などが著しく繁殖する場所なのです。そのため、このような場所では稚魚の餌となる生物が大量に発生することから、魚の稚魚の良い育成場となっていました。

　一方で、水田にはメダカの天敵となる生物が多く生息していることも事実です。メダカは小さいために、海のイワシのように他の魚のよい餌になっていると考えられがちですが、実際には河川や池でメダカを襲って捕食する魚は意外と少ないのです。例えば、ナマズのような大型の肉食魚類にとってメダカは小さすぎます。ブルーギルのような外来魚は別ですが、在来種の中で肉食性の魚類であるカジカやハゼの仲間は、水田周辺にはあまり生息していません。メダカにとって最大の天敵は、他の魚よりも、タガメ、ゲンゴロウ、ヤゴなどの昆虫類でしょう。もっともタガメのような大型水棲昆虫は逆に近年では見つけることが困難になっており、自然界でよく見ることができるのはヤゴぐらいです。

　このような昆虫類は、水田やその周辺に分布していることから、春から夏に水田にまで入り生活圏を広げたメダカは格好の餌生物となってしまいます。しかし、これらの生物がたくさん生息していても、メダカは数が減らないほど繁殖力が旺盛な魚でもあるのです。本来、自然界ではこのように「食う食われる」の関係によって様々な生物が生活していますが、現在では人間の生活によってそのバランスが崩れてしまい、昔は普通に見られた生物がいなくなってしまいました。

　また、水田そのものの構造が昔とは変わり、畔がしっかりでき、水路と水田との落差が大きくなったり、水田への水の導入が塩ビ管になったりすることによって、生物が水路と水田を自由に行き来することができなくなっている場所も多く見られるようになりました。

メダカの天敵

ヤゴ（トンボの幼虫）

ゲンゴロウ

タガメ

生態を知ろう

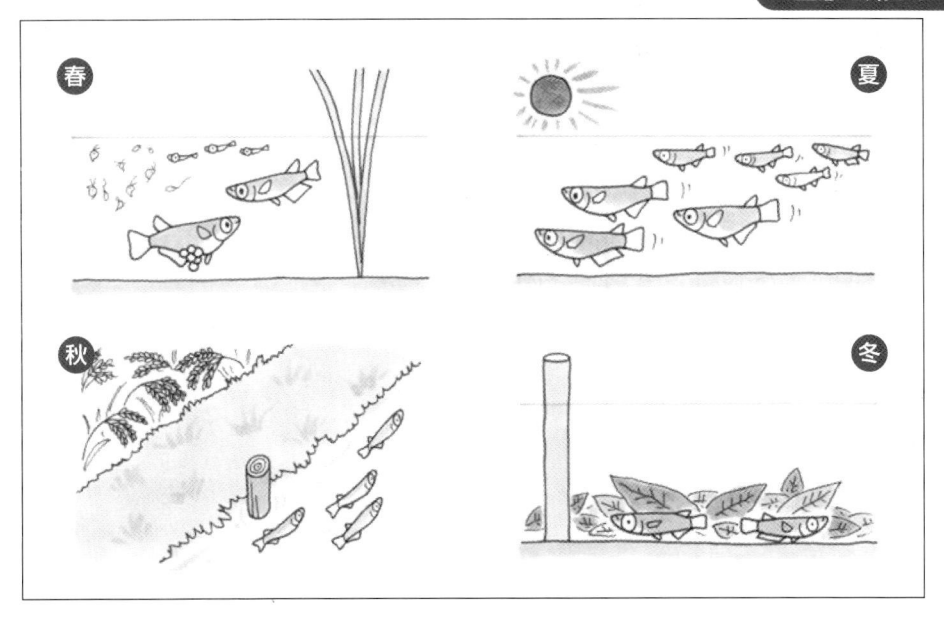

● 季節ごとの暮らし

春

　かつての水田は、早春に水がはられ、イネの苗が植えられる前にはタニシがうごめいたり、水がたまった場所にはツチガエルなどの幼生が大量に発生する様子が見られました。続いてイネの苗が植えられる頃になると、ワムシやミジンコが大量発生したり、ホウネンエビやカブトエビといった生物も発生します。この頃にメダカなど様々な魚類、中には大型のナマズまでも小川から水田に入って、産卵をしていました。イネの株が成長し水田の表面に日陰ができる初夏の頃になると、メダカ以外にも、ホトケドジョウ、ドジョウ、フナを始めとした魚類の稚魚が、水田のあちこちで見られるようになります。これらの稚魚は、先に発生しているミジンコ、ワムシ、イトミミズなどを捕食して成長していきます。

夏

　夏になると水田の水温が著しく上がるため、それまでに遊泳能力をつけ、周辺の用水路や小川へと移動します。この頃には水田へ水を導入している流れ込みに、その年に生まれた魚たちが大量に集まっていることがあります。かつては、そういった場所では農家がドジョウを落とし込む簗（やな）を入れたり、カワセミやサギなどの鳥が集まって魚たちを食べている光景がよく見られました。

秋〜冬

　さらに季節が進み、水田の水を落としてしまう初秋には、用水路の水位もずっと下がってきます。この時期になると用水路にはその年に水田や周囲の水路などで繁殖したメダカが、大群を作って遊泳していることがあります。アミでそっとすくうと、ひとすくいでソフトボールぐらい大きさのメダカ球ができることもあるほどです。このメダカたちは用水路の比較的流れのない場所で越冬し、翌春になると用水路やそれに続く小川、水田、池、湿地などに散って繁殖するのです。

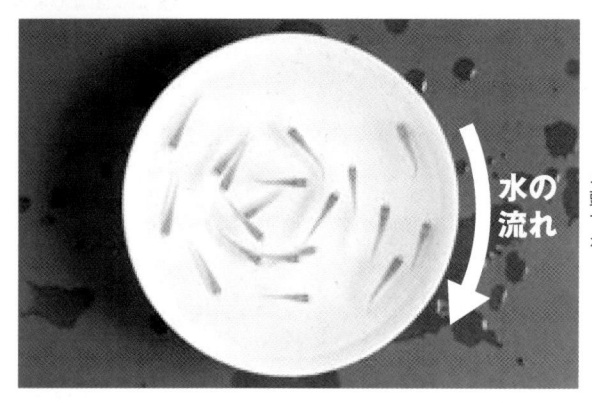

メダカは流れに向かって頭を向ける習性があるので、群れは常に一定方向を向いています

● 群れをつくるメダカ

　一般にメダカは単独でいることはほとんどなく、群れをつくって生活しています。群れと言っても、ライオンのようにリーダーがいるわけではなく、数個体から数十個体、多い場合には百や千といった単位の集団となります。この群れはいくつかに分散することもあるし、反対に出会った群れ同士が一つの群れとして合流することもよく見られます。

　日中、メダカたちは水面近くをじっと漂うように浮かんでいることが多いのですが、この時も単独になることはあまりありません。外敵となるような魚が近づいてくると、分散していたメダカたちは集まりつつ敵が来るのとは反対方向に逃げていきます。また、突然鳥のような外敵がメダカの集団の中に飛び込んでくると、それぞれの個体は一斉に散ってしまい、いったん群れがなくなってしまいます。しかし、時間がたつにつれ、分散していた個体がどこからともなく現れて、再び大きな集団となります。

　このような性格がわかっていれば、採集するときにたいへん役に立ちます。メダカの群れを見つけたからと言ってあわててアミを入れてしまうと、メダカは驚いて四方八方へと散ってしまいます。群れを見つけたら一方にアミを入れ、そこから動かさないようにしましょう。そしてそのアミとは反対方向から、もう一本のアミを入れて仕掛けてあるアミへと誘導するようにゆっくりと群れを追ってゆくと、文字通り一網打尽にできるのです。そのようにして採集したメダカはスレもなく、持ち帰ってもあまり死ぬことはありません。逆に荒っぽくすくい取ったメダカは、スレがひどく持ち帰る途中で多くは死んでしまいます。メダカの性質をうまく利用することによって、採集もスムーズに行くのです。

　このようにメダカは自然界では群れをつくって生活しており、あまりなわばりを持つことはありません。ところが、水槽で少数を飼育すると、いくつかの個体がなわばりを作ることがあります。自然界のような広い空間ではあまり観察されないのですが、限られた空間になるとなわばりを持つと考えられています。

　水槽に水草などを入れておくと、水草に囲まれた場所や、水槽の端などになわばりを持つ個体と、なわばりを持たずに群れを作っている個体に分かれるのが観察できます。このときのメダカは通常よりも全体的に黒くなり、腹ビレは特に真っ黒になるので、ひとあじ違うメダカとなります。

生態を知ろう

メダカの群れ

水槽では、餌のとりやすい水面近くや水草の周りを強い個体がなわばりにし、弱い個体ほど水槽の下の方に集まるようになります

繁殖行動は主に早朝に行なわれます

● メダカの繁殖

　メダカの産卵期は、一般的には春から初夏にかけてです。この時期のメスを早朝に採集すると、腹部に卵をぶら下げているものを見かけるはずです。
　メダカの繁殖期は光周期に支配されていると考えられています。春から夏にかけての長日条件によって、産卵行動が確認されるようになります。水温については、低水温条件としての臨界温度は約10℃と考えられています。自然下でこのような条件を満たすのは、3月下旬から9月中旬にかけてであり、この期間が産卵期にあたります。

繁殖のメカニズム

　この期間、魚の栄養状態、健康状態が良いとほぼ毎日のように産卵します。この産卵行動に関連した生理学的なメカニズムについても、光周期に支配されているのです。明暗周期によってメダカの体内では松果体や脳下垂体、生殖腺などの内分泌支配による卵成熟や排卵などが生じ、その結果産卵行動に至るのですが、この詳細なメカニズムについては他書にゆずりましょう。
　メダカの産卵行動は明け方がピークです。それまでの間に、メスの卵巣では内分泌支配によって卵母細胞が排卵されます。始めに排卵された卵母細胞を持っているメスにオスが近づき、メスに追従する形で繁殖行動が始まります。
　オスがメスの下側に入り込むと、メスは頭を上げるような行動をとったり、オスがメスの周囲を回りこむ求愛行動をとります。オスはやがてメスの側面に並ぶようになり、背ビレとしりビレでメスを抱えるような姿勢をとり、小刻みに体を震わせながら水底に沈んでゆきます。この直後に、放卵、放精して受精させ、一連の産卵行動が終了します。その後メスはしばらくの間、卵を腹部にぶら下げて泳ぎます。
　メダカの卵は纏絡糸（てんらくし）と呼

生態を知ろう

卵をぶら下げたメス

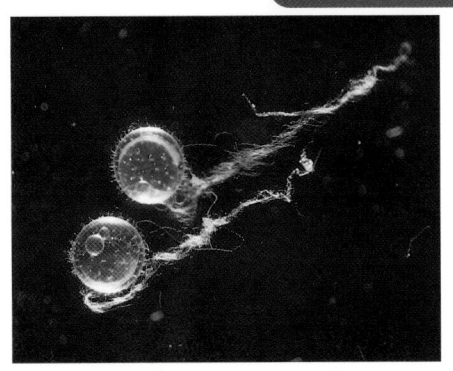

纏絡糸のついた卵

ばれる糸状の構造物があることから、纏絡卵（てんらくらん）と呼ばれています。この纏絡糸には粘着性はありませんが、様々なものに絡みつく性質があります。一般に昼までにメスは卵の纏絡糸を水草などに絡ませて、卵を付着させます。このような卵を産む魚は他に、サンマやトビウオがあげられます。これらの魚類は流れ藻に纏絡糸をからみつけ、卵が深い海に沈んでゆかないようにしているのです。メダカの場合、仮に水草から纏絡糸が外れて水底に落ちてしまっても、発生が進んでいれば問題なくふ化しますが、産卵後比較的早い時期の卵では、多くの場合が水カビにおかされて死んでしまいます。

たくさん卵を産めるわけ

メダカは栄養状態が良いと毎朝産卵し、そうでなくとも2～3日に1回は産卵を行ないます。魚類には、一生涯に1回しか産卵しないサケのような種類と、タナゴのように一生涯に何回か産卵するものがいますが、後者は産卵期に数回に分けて産む種類、メダカのように毎日産卵することが可能な種類があります。

これらはそれぞれ、卵巣の構造が大きく異なることが知られています。

①サケのように一生涯に1回しか産卵しない魚類では、卵巣卵が一斉に成熟し、排卵された後に新たな卵母細胞の補充がなされない。
②タナゴのように産卵期に何回かに分けて産卵する種類では、産卵期に異なる発達段階の卵母細胞が少なくとも2群以上ある。排卵され、さらに産卵可能な条件であれば、次に控えている卵母細胞が成熟して排卵される。
③メダカのように毎日産卵する種類では、産卵期の卵巣には全ての発達段階の卵巣卵が見られ、排卵されるとすぐに次に控えている卵巣卵が排卵され、未熟な卵巣卵は連続的に発達する。メダカの場合には1回の産卵数は5粒から多くても20粒程度と少ないが、毎日コンスタントに産卵すれば、4月から8月いっぱいまでの5ヵ月間で1,000個から数千個の卵を産卵する計算となる。しかし実際には、栄養条件や水質などが良好でも、繁殖期の後半では毎日は産卵しなくなるようです。したがって、1個体で数百個も産卵すればよい方でしょう。

ふ化

このように産卵された卵は水温24～25℃で、受精から2日後には眼が観察されるよ

ふ化したてのメダカ。3ヵ月もすれば、親とほとんど変わらない姿に育ちます

うになり、顕微鏡で見ると血流も観察できます。さらに発生は進み、5日後には胚が卵をほぼ一周するほど長くなります。

その後胚はさらに伸長し続け、10日ほどでふ化に至ります。この間、卵は水カビにおかされ死んでしまったり、他の生物の餌となってしまったりもすることもあります。さらに卵を産んだ親メダカも、卵を捕食します。メダカの卵にとっての天敵のひとつとして、そのメダカの親もあげられるのです。

このような状況で食べられたり水カビにおかされず、運よく生き延びた卵からは仔魚がふ化します。ふ化直後の仔魚でもすぐに遊泳を始めますが、強い水流では流されてしまうことや、他の生物から身を隠すためにも、障害物の陰などで生活しています。この時期がメダカにとっては危険です。遊泳能力が小さいことから、他の魚の餌食になりやすいのです。メダカの親魚は卵のみならず、メダカの稚魚も見つけ次第捕食しようとします。

ふ化したての時には腹部に卵黄が残っているため、その栄養分でしばらくは生活できます。そして、ふ化翌日には卵黄が多少残っていても、小さな生物を捕食し始めるようになります。ふ化後の早い時期には、ゾウリムシやワムシのような原生動物を捕食していますが、成長とともに大型のプランクトンを捕食するようになり、やがて親と同じように様々な生物を捕食します。この後、当歳魚（その年に生まれた個体）は一般的にはその年には産卵に参加せず、翌年に繁殖行動をとることが多いようです。しかし、早い時期にふ化したもののうち、成長の良い個体は、その年の繁殖期の晩期には産卵行動に参加するものもあります。

自然界ではほとんどの場合、産まれた翌年に産卵し、その年の冬を越せずに死んでしまうものが多いといわれています。従って多くの個体は、1年半程度の寿命ということになります。水槽で大切に飼育すると3年ぐらいは生きますが、自然界では多くの場合、それほど長い期間生存することはないようです。

いずれにせよ、メダカは寿命が短いかわりに、生まれてから早い時期に繁殖することができ、さらには栄養条件が良ければ毎日産卵することもできます。そのために大量に繁殖することが可能なのです。

生態を知ろう

メダカ豆知識

メダカの佃煮

メダカは海にもいる？

　メダカは川の魚と思っている人がほとんどでしょう。ところが、メダカは海水でも平気な体を持っており、実際に海で泳いでいる姿を見かけることがあります。なぜこんなことが可能なのでしょう？

　まず、川の魚と海の魚では、周囲の塩分に対する機能が異なります。

　川の魚は、周囲の水よりも体内の塩分濃度が高いため、水分が体にどんどん入ってきてしまいます。その水から塩分を吸収し、残った水分を大量の尿として排出することで、体液の濃度を保っています。

　反対に海の魚は水分がどんどん奪われるため、常に海水を飲み込んで、エラや腎臓から塩分だけを排出して水分を補給し、濃い少量の尿を出しています。

　メダカは、この両方の機能を持っているため、川でも海でも暮らすことができるのです。このような能力は、メダカの他にもサケやアユなど、海と川を行き来する魚たちが備えています。

　飼育しているメダカも、1ヵ月くらいかけて徐々に塩分を高くしていくと、海水で飼うことができるようになり、産卵まですることもあります。

メダカは食べられる？

　メダカは、昔から一部の地域では食用とされてきました。田んぼで簡単にたくさん捕まえることができるため、かつては貴重なタンパク源となっていたようです。4cmほどの小さな魚ですから、たくさん集めて佃煮にしたり、すりつぶしてダシにしたり、卵とじにして食べるなどの方法が中心です。

　また、薬として利用されることもありました。丸呑みにすると、目が良くなる、お乳の出が良くなる、泳ぎがうまくなるなどといったもので、実に多くの利用法があったようです。実際の効果は不明ですが、こういったことも、メダカが古くから日本人に親しまれていた証拠なのでしょう。

93

メダカの進化と多様性

メダカは、古くからに日本で暮らしていた魚です。それだけに、日本の環境にあわせて、独自の進化をとげてきました。ここでは、日本のメダカのプロフィールを知ってみましょう

解説／山平寿智

● メダカは何の仲間？

　メダカ属（オリジアス）は、ダツ目メダカ科に属します。ダツ目には、メダカ科の他に、ダツ科、サンマ科、トビウオ科、そしてサヨリ科が含まれるので、メダカはこれらの魚と近縁関係にあるわけです。しかし、メダカはダツやサンマのように細長い胴体をしていませんし、トビウオのような胸ビレやサヨリのような突き出たあごもないので、メダカがダツ目に属するというと奇妙に思われる人も多いかもしれません。実際、メダカ科はかつてカダヤシ目（注：当時はメダカ目と呼ばれていましたが）に含められていました。ダツやサヨリより、グッピーや卵生メダカに似ていると考えられていたのです。外見や体のサイズだけから判断すると、そう考えられていたのは至極当然のように思います。しかし、エラや舌の骨といった内部の形態から見て、メダカ科はカダヤシ目ではなく、ダツ目に含めるべきだという見解が1981年に示され、最近のDNA情報に基づく分子系統関係からも支持されています。

　図鑑をじっくり眺めてみると、外見からだけでも、メダカがダツ目の魚であることがうかがえます。例えば、サヨリ（デルモゲニーなど）の写真を見てください。①長い下あごを切り取って、②お腹の部分の胴体を一部切り出して寸詰まりにしたら、メダカとそっくりになりませんか？　①のあごについてですが、ダツやサヨリのあごは成長に伴って伸長し、仔魚・稚魚のうちはあごが短いことが知られています。このことから、メダカはダツやサヨリの成長・発生段階が途中でストップしたものだとみなす見解があります（実際には、メダカの成長・発生段階が延長したものがダツやサヨ

デルモゲニー
東南アジアの各地に分布するサヨリの仲間。稚魚を直接出産する卵胎生魚です

グッピー
観賞魚として有名なグッピーは、カダヤシ目に属します。以前は日本のメダカと同じ仲間とされていました

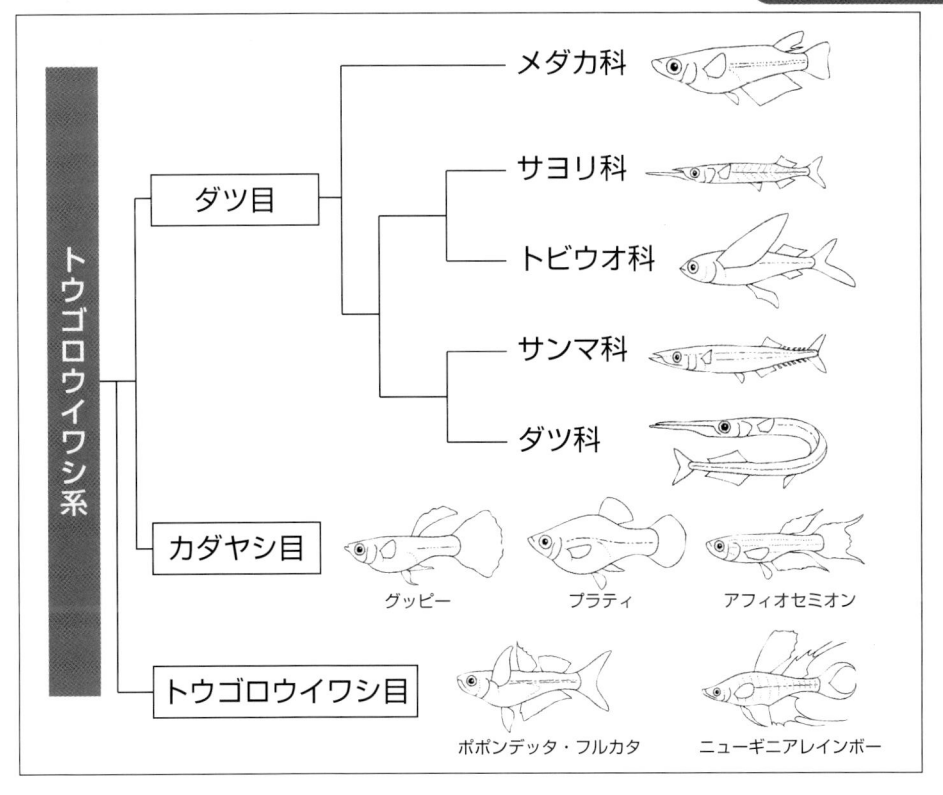

進化と多様性

```
トウゴロウイワシ系 ─┬─ ダツ目 ─┬─ メダカ科
                 │         ├─ サヨリ科
                 │         ├─ トビウオ科
                 │         ├─ サンマ科
                 │         └─ ダツ科
                 ├─ カダヤシ目     グッピー  プラティ  アフィオセミオン
                 └─ トウゴロウイワシ目   ポポンデッタ・フルカタ  ニューギニアレインボー
```

リと考えるべきなのですが；後述）。個体の発生期間が短くなってある器官（ここではあご）の発達が未熟になったり、反対に発生期間が延長して器官が巨大化するような進化を、異時性（ヘテロクロニー）と呼びます。一般に、生物は性的に成熟すると個体の成長や発生が頭打ちになる傾向にあることから、異時性は成熟のタイミングの変化によってもたらされると考えられています。わかりやすく例えれば、メダカもダツやサヨリも"突き出たあご"行きの線路を走っているけど、メダカの方が早くに"性成熟"駅で途中下車してしまうということです。

また、②の細長い胴体についてですが、ダツ目魚類の胴体の長さは、脊椎骨の数が多いことを反映しています。例えば、胴体の最も長いダツ（ハマダツ）は87〜93本、サンマは62〜69本、サヨリは59〜63本、トビウオは44〜48本、そして胴体の最も短いメダカは27〜32本の脊椎骨でそれぞれ体軸が構成されています。さらに言うと、脊椎骨は腹椎骨という肋骨を支える椎骨（サンマのはらわたの部分）とその後部の血管棘を有する尾椎骨とに分けられるのですが、これらダツ目魚類の胴体の長さは、腹椎骨が多いか少ないかで決まります（キリンの頸椎は他のほ乳類と同じ7つで、それぞれの頸椎が長くなることであんなにも長い首が達成されているのとは対称的です）。おそらく、腹椎骨を形成する遺伝子は共通で、発生初期におけるそれらの発現量や発現するタイミングがほんのわずか異なるだけなのでしょう。同じ食材で同じ料理をつくっ

95

て も 、 つ く る 人 に よ っ て ま る で 別 物 に な る こ と が あ る の と 似 て い ま す 。 あ ご に せ よ 胴 体 の 長 さ に せ よ 、 メ ダ カ と そ の 他 ダ ツ 目 魚 類 は 、 見 た 目 ほ ど 実 質 （ 線 路 や 食 材 ） は 大 き く 違 わ な い の で す 。

　 DNA の 解 析 に よ る と 、 メ ダ カ 科 は ダ ツ 目 の 中 で 最 も 初 期 に 分 岐 し た と 考 え ら れ て い ま す 。 化 石 の 情 報 が 少 な い の で 、 メ ダ カ と そ の 他 ダ ツ 目 の 共 通 祖 先 が ど の よ う な 姿 形 を し て い た の か は っ き り と は わ か っ て い ま せ ん が 、 ダ ツ 目 に 近 縁 の ト ウ ゴ ロ ウ イ ワ シ 目 や カ ダ ヤ シ 目 魚 類 （ こ れ ら 3 目 を 合 わ せ て ト ウ ゴ ロ ウ イ ワ シ 系 と 呼 び ま す ） に あ ご が 発 達 し た り 胴 長 の グ ル ー プ が い な い こ と か ら 考 え て 、 メ ダ カ と ダ ツ 目 の 共 通 祖 先 は 突 き 出 た あ ご や 長 い 胴 体 を も っ て い な か っ た と 考 え る の が 妥 当 で し ょ う 。 し か し 興 味 深 い こ と に 、 現 存 種 の 中 に は 、 短 い な が ら も あ ご の 発 達 し た メ ダ カ や 、 ダ ツ ほ ど で

ニードルガー
東南アジアに分布する肉食魚。20cmほどになり、長い口で獲物となる小魚をすばやく捕らえます。いかつい姿をしていますが、糸の付いた纏絡卵（下）を産むことからわかるように、この魚もメダカの遠い親戚なのです

は な い け ど 胴 の 長 い メ ダ カ が い ま す し 、 反 対 に あ ご や 胴 体 が 短 い サ ヨ リ の グ ル ー プ も い ま す 。 こ う し た 中 間 的 な 形 態 の 魚 を 研 究 す る こ と で 、 メ ダ カ の 起 源 に つ い て 何 か 新 し い 事 実 が 明 ら か に な る か も し れ ま せ ん 。

進化と多様性

●国内の地域個体群について

日本のメダカの学名は、オリジアス・ラティペス（*Oryzias latipes*）と言います。オリジアスには現在20種が知られていますが、その多くは東南アジアの熱帯域にのみ分布しており、熱帯から温帯にかけて広く分布する種はこのラティペスのみです。すなわち、ラティペスは南から北へと地理的分布域を拡大した唯一のメダカなのです。

日本国内におけるラティペスの分布北限は下北半島、南限は沖縄本島です。DNAの研究から、国内のラティペスは、青森から京都にかけての日本海側に分布する"北日本系統群"と、岩手以南東日本の太平洋側および西日本に分布する"南日本系統群"の2グループに大別されることが知られており、両者は400〜600万年前に分岐したと考えられています。ヒトとチンパンジーの分岐年代が400〜500万年前だということを考えると、両グループ間の遺伝的な隔たりの大きさが想像できると思います。これはまた、大陸から（おそらく朝鮮半島あたりから陸づたいで）日本列島に侵入した集団が地理的に二分され、それぞれが互いに交流することなく分布を拡大したか、あるいは日本への侵入と分布拡大というイベントが過去2回にわたって起こったかということを示しています。

両系統群内でも、地域個体群間で大きな遺伝的変異が存在します。南北に細長い日本列島で分布を拡大していく過程で、各生息地の気候環境に対して、地域個体群が様々な適応進化を遂げてきたことが、私たちの研究によって近年明らかになってきました。まず、野外調査の結果、日本に分布するラティペスは、どの地域個体群でもその生活史は1年で完了する"年魚"であることがわかりました。そこで、青森から沖縄にかけての様々な地点からラティペスを採集し、実験室内で成長や繁殖の特性を比較したところ、高緯度の地域個体群ほど、①稚魚期の成長は速いが成熟が遅く、そして②いったん成熟するとほとんど成長しない代わりに大量の一腹卵を産み出す個体が

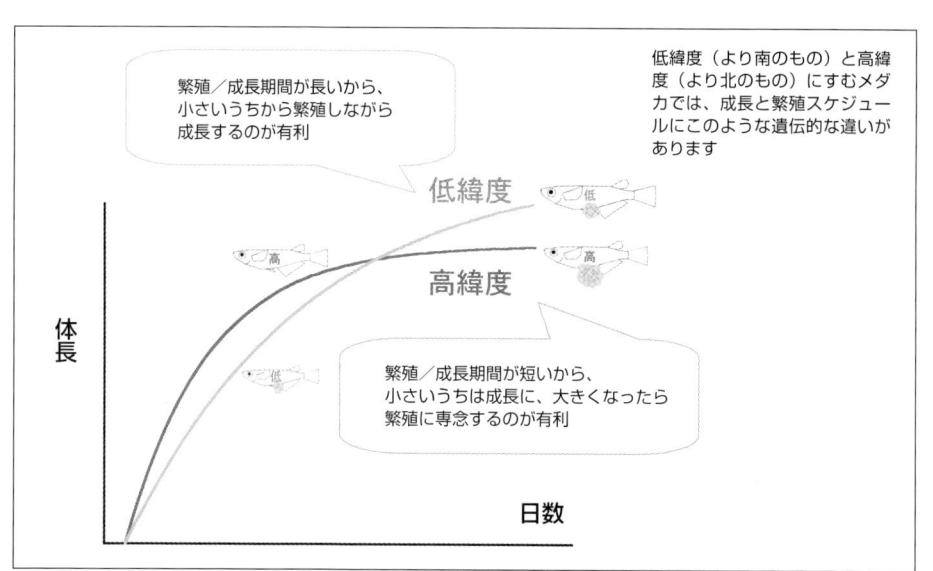

低緯度（より南のもの）と高緯度（より北のもの）にすむメダカでは、成長と繁殖スケジュールにこのような遺伝的違いがあります

繁殖／成長期間が長いから、小さいうちから繁殖しながら成長するのが有利

低緯度

高緯度

繁殖／成長期間が短いから、小さいうちは成長に、大きくなったら繁殖に専念するのが有利

体長

日数

多い傾向にあることがわかりました。これらは、いずれも高緯度の時間的制約（夏の短さ）に対する適応を反映しています。すなわち、①北国では成長に適した期間が短いので、ふ化後は成熟を遅らせてでもとにかく成長に専念し、冬の到来前に大きな体のサイズに到達して長い冬を乗り切るための栄養（脂肪）を備蓄するような個体が自然淘汰で有利になります。また同様に、②北国は繁殖に適した期間も短いので、成熟後は自らが大きくなることを犠牲にしてでも卵の生産に専念して、短い繁殖期間中に1粒でも多くの卵を残すような個体もやはり淘汰上有利と考えられます（余談ですが、寒い地域にはサケやニシンのように一年あるいは一生に一回大量の腹子を抱える魚が多いのですが、ラティペスというひとつの種の中だけでも緯度に沿って同様の傾向が見られるのは、とても興味深い事実だと思います）。北国のメダカは、まさに、短い青春を全速力で駆け抜けるのです。実際に、沖縄のある地域個体群では3月から12月にかけての10ヵ月間で産卵が見られ、稚魚の成長は通年起こるのに対し、青森での繁殖は5、6月の1〜2ヵ月間だけで、稚魚の成長期間はその後3〜4ヵ月しかありません。

北と南のラティペスには、いくつかの形態的な違いも見られます。もっとも顕著なのは腹椎骨数の差で、高緯度に生息するラティペスほど腹椎骨の多い（結果的に脊椎骨数の多い）個体の割合が高い傾向にあることがわかりました。例えば、沖縄のラティペスに比べ青森のラティペスは、平均して1.5本ほど多くの腹椎骨を持っています。これは、外見上、高緯度のラティペスほど胴長の体型をしていることを意味しています。高緯度のラティペスの胴長な体型は、上で述べた成長／繁殖形質の適応進化と関係しているかもしれません。すなわち、胴長で腹腔容量の大きな個体はより大きな消化管や生殖腺を抱えられるので、それによって稚魚期の高い成長能力や成熟後の高い卵生産能力が達成されるのかもしれません。また、腹椎骨の多少とそれに伴う体型の変化は、遊泳能力にも影響を及ぼすことでしょう。今後、腹椎骨数と個体の適応度との関係について研究が進めば、ラティペス種内の形態変異だけでなく、ダツ目魚類全体の種多様性を説明する光明が見えてくるかもしれません。

このように、同じラティペスというひとつの種でも、その実体は、外見にあらわれようとあらわれまいと、遺伝的に多様な個体／個体群の集合体なのです。これは、ラティペスに限らずあらゆる野生生物の種の実体でもあります。そしてそこには、種誕生以来の分布域の変化やその過程での適応進化といった、個々の生物の悠久の"歴史"が刻まれています。真の生物保全とは、その生物の"歴史"とそれを培った"背景"である生息場所とを、両者のリンクを引き裂くことなく、セットで後世に残すことではないでしょうか。

メダカは産地によって独自の体や遺伝子をもちます。産地のわからないものをふやして放流したりすることは、避けねばなりません

進化と多様性

子を産むメダカたち

メダカといっても、これらはカダヤシ目に含まれます。日本のメダカとはかなり離れたグループですが、かつては同じ仲間とされていました。メスが体内で卵をふ化させて子を産む、"卵胎生"と呼ばれる特徴をもちます

プラティ
ずんぐりとした体つきをしたかわいい魚です。様々な色彩の改良品種がおり、グッピーと並んで、人気の高い観賞魚です。メキシコなど中米が原産地です

ソードテール
オスの尾ビレが長く突き出ているのが特徴で、こちらもお店でよく見かける魚です。飼っていると、メスがオスに（またはその反対）に性転換することがあります。やや気が荒いので、飼育する際には注意が必要です

カダヤシ
日本の各地に帰化している、北アメリカ原産の卵胎生魚です。現在では飼育や繁殖が禁止されているので、見つけても飼うことはできません。注意しましょう

ヨツメウオ
両目がそれぞれ上と下に仕切られていて、目が4つあるように見えます。目の上半分は常に水面から出して泳いでおり、水上と水中を同時に見ることができるという奇妙な魚です。アマゾン川などに生息する卵胎生魚で、30cmほどになります

ベロネソックス
20cmほどになり、小魚などを襲って食べる肉食魚です。他の卵胎生魚と同じく、オス（上）のしりビレは棒状の交接器になっているので、簡単に性別をみわけられます

ハイランドカープ
卵胎生魚は卵を体内でふ化させるだけですが、こちらはへその緒のような器官で母親とつながっており、子は親から栄養をもらって成長します。このことから、真胎生魚とも呼ばれます。メキシコなど中米に分布します

メダカの保護を考えよう

最近では、野生のメダカの減少がよく言われています。メダカたちはどこに行ってしまったのでしょう？ メダカを守るために必要なことを考えてみましょう。

解説／秋山信彦

● **なぜメダカは減ってしまったのか？**

メダカはもともと、水田を中心として分布を広げていた魚です。しかし、稲作が大規模に行なわれるようになると、除草剤や農薬が使用され、それによって直接メダカが死んだり、もしくは餌となる生物が減少してしまうことにより、メダカの生息数は減少してしまいました。また、私たちの生活から出る生活排水によって、川や池の水が汚れたことによる減少もあります。また、水田や湿地のような場所については、開発のために埋め立てられてしまい、生息地そのものがなくなってしまうというケースも多く見られます。

その他にも、北アメリカから移植されたカダヤシと生活空間が競合することによって減少した場合もあります。これについては、直接メダカの稚魚などが捕食されることもありますが、餌生物の取り合いによるものも考えられます。さらに、カダヤシは子を産む卵胎生なので、産まれたときにはすでにメダカの仔魚よりも大きくて遊泳力も強いため食べられにくいのに対し、メダカは卵、仔魚ともに食べられやすい面があります。また、農地の改良に伴って水中の障害物が少なくなり、メダカの産卵場所が減少したり、水路の側面や底面が平坦になり、水が一定に流れることによって流れの

公園の池で見かけたメダカの群れ

メダカの保護

緩やかな場所が減少し、住み場が減少してしまったなどの原因もあげられます。このように様々な理由でメダカは数を減らしてきたのです。

●むやみな放流はよくない

メダカは青森県から琉球列島までの日本と、朝鮮半島、台湾、中国大陸の一部で見られる魚です。このように広く分布していますが、遺伝的には4つの異なる集団があることが知られており、そのうちの2つが国内に分布しています（97ページ参照）。これらの2つの集団は、しりビレの条数など、形態的な差異があるとも言われています。

最近になってメダカが各地で姿を消していることから、ペットショップで購入したメダカを繁殖させ、それを自然界へと放流する人や団体があります。ひどいときには、ペットショップで販売しているヒメダカなどの改良種を放流していることすらあります。このような改良メダカを放流することは論外としても、産地のわからないメダカを放流することは、先ほど述べた集団のものが入り混じってしまい、遺伝的な分布の混乱につながってしまうのです。

また、少数の個体から繁殖させたものは、どれも同じような遺伝子を持った個体になりやすくなります。このような個体を放流

水田の周囲を流れる用水路。こうした環境が守られている場所では、今もメダカをよく見かけます

することによって、その地域のメダカの遺伝的な多様性が失われてしまう危険性も考えられます。もちろん、その水域にいたメダカがすでに絶滅したという場合にはしかたないのかもしれませんが、その場合でもその水域周辺の個体群を利用するなど、できうる限りもといたメダカに近いものを放すべきでしょう。

ただ、このような場合にも勝手に放流するのではなく、きちんと専門家を交えて生態系への影響なども考慮し、記録を残すような放流をすべきです。

このような放流事業は、メダカの保護にとって最終的な手段と言えるでしょう。

● 復活への取り組み

メダカの姿を再び川に呼び戻すには、メダカそのものを放流するのではなく、メダカが再び大量に増えることのできる環境をつくり、メダカ自らの力で復活させることが、最も良い策と考えられます。その場合も、他の生物の生活環境について十分考慮すべきでしょう。つまり、メダカを守るために、外敵となるナマズなどの肉食魚類、タガメやゲンゴロウなどの水生昆虫を駆除するようなやり方は、本来の保護活動と言うことはできません。その地域の本来の生態系の姿を守ってゆくことこそが、正しい保護のあり方と言えるでしょう。

生き物を守るためには、それらの餌となる生き物が繁殖できる環境が重要と言えるでしょう。そのような生き物は、自然界では食物連鎖によって複雑に絡みあいながら存在しています。もちろんメダカを取り巻く環境も、同様のことが言えます。水中の環境も大切ですが、水辺などその周辺についても十分に考慮しなくてはいけません。

例をあげると、虫が落下してメダカの餌となるように、水際には雑草が必要となり、できれば水中には各種の水草、川底には凹凸があり、冬には越冬できるような深い場所があること。さらには、メダカが大量に繁殖できるよう、餌となる微小生物がたくさん発生する浅い水田や湿地のような場所につながっていることも大切です。

ただ、湿地の場合にはそのままにしておくと、やがて水がなくなって陸地となってしまいます。特に暖かい場所では、その移り変わるスピードは速くなります。したがって、時には、ふえすぎた抽水植物を抜いて水場を保全するなどの管理をする必要も出てくるでしょう。

以上のことから、メダカを昔のように川や水田で見られるようにするには、メダカそのものを放流するのではなく、現在の環境をメダカが繁殖、育成できる場所となるように改善することが、重要と言えるのです。

ただメダカを放すだけでは、保護にはつながりません

メダカの遺伝子と改良品種

遺伝子とは、生き物が子孫に自分の特徴を伝えるための仕組みです。様々な改良メダカは、この遺伝子のはたらきを利用して生まれました。ここでは、メダカと遺伝子の関わりについて述べていきます

解説／赤井　裕

メダカの改良品種のなりたち

　ヒメダカに代表されるメダカの改良品種は、"変わりメダカ"の名で呼ばれることもあります。改良品種とは、より美しい体色や体形、便利な体質などを引き出すために、同じような形質のものをかけ合わせてつくられたものです。有名な改良品種の例として、金魚がいます。金魚は、偶然見つかったフナの色変わりを元に、長い時間をかけて様々な色や形がつくり出されました。

　ここでは、見かけることの多いメダカの改良品種について、より深く解説していきます。

ヒメダカ（12ページに掲載）

　江戸時代の浮世絵に、芸者衆が吊り下げた金魚ガラスにヒメダカ（緋メダカ）が描かれていることからも、変わりメダカの草分け的な存在と言えます。

　1980年代に、東京大学大学院（現新潟大学）の酒泉　満博士によって、ヒメダカの持つ遺伝子の特性が、東京の江戸川の系統と一致することが明らかにされました。まさに浮世絵が描かれた江戸に、ヒメダカの起源があることはほぼ確実であると考えられます。

　ヒメダカは、野生のメダカが体表に持っている黒、黄色、白の3種類の色素胞はすべて正常に持っていて、その証拠に稚魚初期には野生メダカと同じように黒っぽい色をしています。しかし成長初期のうちに、体がオレンジ色に変わっていきます。これは黒の色素胞の中に、黒い色素顆粒（メラニン）を蓄積できない遺伝子の異常を持っており、そのせいで他の色素（黄色と白）が目立つようになり、オレンジ色に見えるのです。

アルビノメダカ（13ページに掲載）

　アルビノとは、生まれつき色素胞を部分的、もしくはまったく持たない突然変異を

103

指します。そのため、生まれつき白っぽい体をしています。アルビノメダカは、紫外線から目を守るためのメラニンも持たないため、血管の血が透けて目が赤く見えるのです。メラニンは黒色色素胞の中にあり、生き物にとって有害な紫外線から、体を守るはたらきがあります。

なお、ヒメダカはメラニンがないだけで、色素胞自体は正常にあるので、アルビノとは呼びません。

青メダカ（13ページに掲載）

ヒメダカとは違って、黄色の色素胞がなくなってしまったため、体が青みをおびて見えるものを、青メダカと呼んでいます。

メダカの体表では、黒と白の色素が同じ位置に重なっており、光の要素の中で比較的短い波長である青系の光が多めに反射して、青白い色に見えるのです。黒い色素を通した光が青っぽく見える現象は生物ではよくあり、人間の手首の血管が青っぽく見える原理と似ています。

なお、黄色の色素胞の元になる遺伝子は、メダカでは「性染色体」というオスメスを決める遺伝子と同じ場所に並んでおり、メスだけが青メダカの場合には、永久にメスにしか青メダカは生まれてきません。

白メダカ（14ページに掲載）

ヒメダカと青メダカから生まれたとされる変わりメダカです。ヒメダカの遺伝子を持っているため黒色色素胞が透明になり、さらに青メダカの遺伝子によって黄色の色素胞もないため、白の色素胞だけが目立って、全身が白色になるのです。

黄色の色素胞がなくなる原因は、青メダカの項でも述べたように性染色体上にあり、オスをヒメダカ、メスを白メダカにすると、2世代目以降に白メダカが出現するものの、メスにしか白メダカは生まれてきません。白メダカを継続して繁殖させるためには、オスの白メダカを手に入れることが不可欠と言えます。

透明鱗メダカ（17ページに掲載）

魚では、色素胞は鱗の上だけに存在するのではなく、その下にある真皮層と呼ばれる場所には、グアニンという別の色素細胞があります。これは密に並んでおり、鏡のようなはたらきをしています。魚の鱗やエ

メダカの遺伝子

ラブタなどが光って見えることが多いのは、このグアニンのためです。透明鱗とは、このグアニン色素が不足したりなくなってしまうことで、鱗が鈍い光を放ち、部分的には完全に透明になってしまう現象を言います。

光メダカ（16ページに掲載）

この系統のメダカは、背中側に腹側の特徴が出てしまう突然変異です。熱帯魚のベタのダブルテールという品種でも、同じ現象が見られます。

背中側にもしりビレができてしまうために、見かけ上は、背ビレが大きくなったようになります。さらに、尾ビレは中央を境にして上下対象に2枚の尾ビレが連なった菱形になります。

どの魚でも、腹側にグアニン色素が大量に集まって、銀色に色彩を持っています。光メダカは、この光沢が、腹側だけではなく背中側にまで出現します。グアニン色素の集中による銀色の色彩は、本来は腹側の内臓などを紫外線から守ったり、水底から狙う肉食魚から明るい水面にまぎれて見えにくくなるといった、生きるうえでの重要な役割を担っています。この銀色の部分が背中側にも出現することで、観賞価値を高めているのがこの系統です。「光」または「ホタル」と呼ばれるのは、この光沢が語源になっています。

ちぢみメダカ（16ページに掲載）

脊椎のうちの何ヵ所かが、成長の初期にくっついてしまい、そのぶん前後方向の成長が抑制されてしまうために、短く丸っこい体型になってしまう突然変異です。プラティやモーリー、その他多くの観賞魚で知られる「バルーン」という改良種と、同様の変異を起こしたものが由来でしょう。メダカではバルーン系という呼称はあまり使われず、ちぢみやダルマという呼び名がよく使われています。脊椎が変形した位置は個体によって様々で、そのため体型は個体によってばらつきがあります。この体型のせいで、メダカ特有のオスがメスを抱き包む繁殖行動がうまくできない場合があり、産卵を失敗する確率が比較的高い傾向にあります。

魚の体の色はどうやって決まる？

魚の体表には、色素胞（色素細胞）という特殊な細胞があります。色素細胞には、黒色素胞、黄色素胞、赤色素胞、虹色素胞、白色素胞という5種類があり、それぞれの色素胞の中に含まれる色の粒（色素顆粒）が、魚の色を決定しています。この色素顆粒が、広がったりまたはちぢんだりすることで、魚は体の色を変化させるのです。

変わりメダカは、どれかの色素胞が生まれつき欠けているために、様々な色をしているのです。

メダカと遺伝子の関わり

遺伝子の突然変異とは

　親の持つ特徴は、その子供にも受け継がれます。とても当たり前のことのように感じますが、このしくみが、はるか昔から、絶えることなく生命が続いてきた原動力となってきたのです。しかし、その伝え役である遺伝子が、親の特徴をコピーして伝える際にエラーを起こしてしまうことも知られています。平均1/500万の確率とも言われるそのエラーが、突然変異と呼ばれる現象です。

　突然変異は、生物の進化の原動力とも言われています。そして自然界には、すでにこれまで蓄積された遺伝子の多様さがあり、その中から、私たちが利用したい特徴を選び出して利用する例も多くあります。例えば、人類が現在食べている肉類や野菜などのほとんどは、野生の生き物を元にしてつくられた改良品種です。同じ面積で育てててもよりたくさん実ったり、食べるのに適した葉が早く育ったりと、人間にとってより効率の良い特徴が引き出されているのです。こうした突然変異を利用していなければ、現代の人類はとても養いきれなかったでしょう。突然変異は、現代の人間社会までも救っていると言えるのです。

変異個体は、野生では中々生き残れない

　自然界では、突然変異を起こした個体はなかなか生き残ることができません。

　メダカのように生まれた場所からほとんど長距離の移動をしない定住型の場合、それぞれの生息地ごとに、その場所で暮らしていくのに有利な遺伝子セットを持っています。こうした遺伝子を偶然持っているものが多く生き残っていき、長い年月をかけて、その場所で生き延びやすい遺伝子をもった集団ができあがったのです。

　たとえば、高知県のあるメダカの産地で、高知ならではの昼夜の激しい温度差に適応

光メダカは、野生のメダカとはかけ離れた姿をしています。これらの改良品種は自然の川に放流してはいけません

メダカの遺伝子

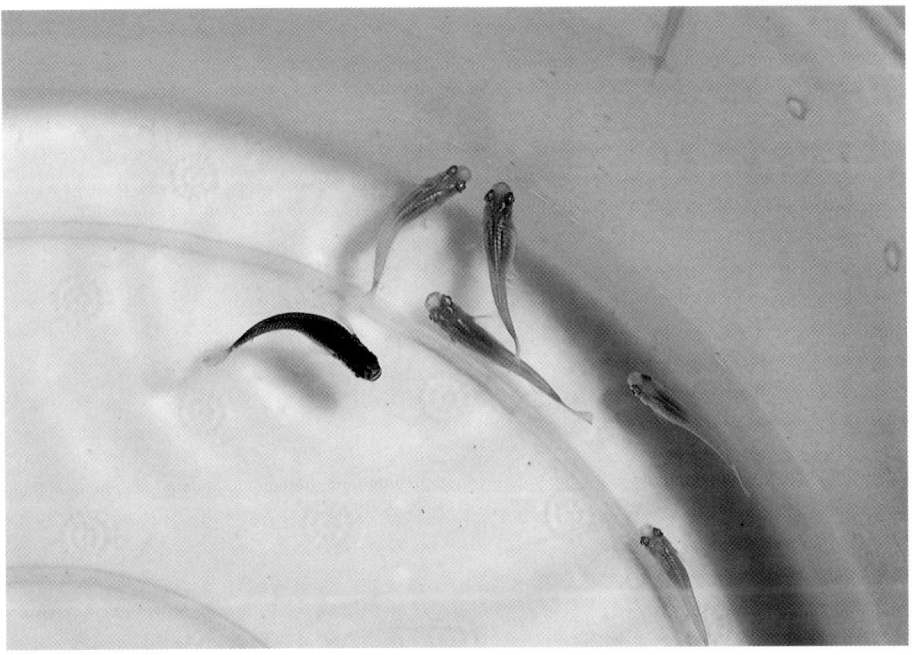

様々な改良メダカは、突然変異をかけあわせてつくられたものです

したメダカが生きているとします。突然変異で、高温だけに強いもの、低温にはめっぽう強いという特徴のメダカが生まれたとしても、周囲の環境に適応することができず、集団の中では生き残れないでしょう。

また、野生の色をしたメダカの集団に、突然オレンジ色のメダカが生まれてきたとしても、外敵から目立ちやすすぎて、大きく成長する前に、外敵に食べられてしまう可能性がとても高くなります。

遺伝子の違いが、ある集団の存亡にかかわることすらあります。たとえば、火山帯のある地域では、数百年に一度の火山活動の際に、硫酸の混じった強い酸性の水が生息地に流れ込んでくることがあります。このときに大半のメダカは死滅して、たまたま丈夫な何匹かが生き残ったとします。何万年かの間に、これを数十回以上もくり返していくと、その産地には、強い酸性の水にさらされても生き残れるメダカばかりになっていくのです。

このように、何億という遺伝子のセットの中で、産地の自然環境に適しない遺伝子が淘汰されて、メダカは場所ごとにある程度決まった遺伝子セットを持つようになっていきます。先に紹介した火山の例のように、自然界では突然変異したものが生き残って子孫を増やすのではなく、何か激しい環境変化が起こった場合に、たまたまそれに対応した遺伝子を持ったものが生き残り、主な集団の遺伝子の特徴がだんだんと塗り替えられていくケースが多いと考えられるのです。

他の場所で生まれたメダカを放流すれば、こうした遺伝子の特徴が乱されることにつながってしまうのです。産地ごとのメダカを守ることの大切さが言われるのは、こうした理由によるのです。

メダカの飼育 Q&A

Q1 水槽をセットしたら、すぐにメダカを入れていい？

A セットしたばかりの水槽には、まだ十分な量のろ過バクテリアが発生していません。そのため、すぐには魚を入れず、1週間ほど水を回しておきます。その間に濁りなども消え、メダカがすみやすい環境になるでしょう。水槽の大きさに余裕があるなら、セットしてすぐに飼い始めてもだいじょうぶな場合が多いのですが、メダカの数はひかえめにしておきましょう。ろ過能力が十分ではないため、水も汚れやすいので、水換えは早めに行ないます。

Q2 メダカと金魚はいっしょに飼える？

A 金魚は意外と大きくなる魚です。お互いの大きさが同じぐらいならいっしょに飼えますが、金魚が大きくなってくると、小さなメダカや卵は食べられてしまうおそれがあります。また、金魚はかなりの大食いなので、メダカの分まで横取りしてしまい、メダカに餌が回らなくなることも考えられます。できれば金魚とメダカは、別々に飼った方がよいでしょう。

Q3 初心者でも飼いやすいメダカは？

A ちぢみメダカやアルビノメダカは、他のメダカに比べて飼育や繁殖が難しいので、初めて飼うのなら、これらはさけた方がよいでしょう。これら以外のメダカなら、どれも難しくはありません。この本を参考にして飼えば、繁殖まで成功することも夢ではないでしょう。いきなり飼育の難しいメダカに挑戦しても失敗することが多いので、他のメダカで飼育に慣れてから挑戦してください。ヒメダカはもっとも手に入れやすいメダカですが、大量に養殖されているぶん状態をくずしたものもいるので、購入の際にはよく確認しましょう。

Q4 水槽のライトは、見るときだけつければいいの？

A メダカを観察しないときでも、ライトはつけておきます。なぜなら、メダカは明るい時間に活動して暗くなると寝るという、昼行性の魚だからです。ひんぱんにライトをつけたり消したりすると、生活のリズムがくずれて、調子を悪くする原因にもなります。また、あまり光がささない環境では、病気になりやすいとされています。ライトは、毎日時間を決めて点灯してあげ

メダカの飼育Q&A

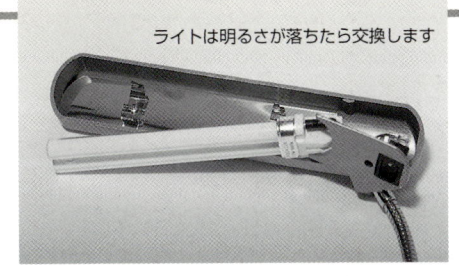

ライトは明るさが落ちたら交換します

ましょう。点灯時間は、8〜10時間くらいで十分ですが、繁殖をねらうなら13時間以上にします。光は水草が生長するためにも必要です。照明の時間が短かったり不規則だったりすると、繁殖がうまくいかなくなってしまいます。

Q5 メダカがなかなか産卵してくれません

A 水温が25℃、照明は13時間以上というのが、産卵にもっとも適した条件です。こうなるように、タイマーやヒーターを使って調整しましょう。こうした環境で餌を十分に与えていれば、すぐに卵を産むはずです。もちろん、オスとメスがそろっていなければ意味がありません。オスとメスは半々ぐらいの数にそろえた方が、産卵の効率はよくなります。

Q6 生まれた稚魚がいなくなってしまいます

A 生まれたばかりのメダカは小さくて泳ぎも遅いので、そのままにしておくと親メダカの餌になってしまいます。稚魚を見つけたらすぐに別の容器に移すようにします。確実なのは、卵が産みつけられた水草ごと移しておく方法です。生まれた稚魚には、ふ化して2日後あたりから、細かくすりつぶした人工飼料などを少しずつ与えるようにします。

Q7 メダカが増えすぎてしまいました。どうすればいい？

A メダカは環境があうと、毎日たくさんの卵を産みます。コツさえつかめばいくらでも増えます。メダカが増えて水槽がきゅうくつになってくると、次第にメダカはあまり大きくならなくなり、また産卵する数も減っていきます。そのまま飼い続けていると、その水槽に適した数に落ち着くこともあります。もてあますほど増えてしまった場合は、知り合いに譲ったり、ペットショップに事情を話してひきとってもらうなどします。決して川に捨てたりしてはいけません。

Q8 メダカはどれくらい生きる？

A 飼育しているメダカは、ちゃんと飼えば3年以上生きる、意外と長生きする魚です。しかし、自然の川にいるメダカは2年以上生きるものは稀で、生まれた翌年の冬にはたいてい死んでしまうため、1年半ほどしか生きません。これは、寿命がつきるというよりも、若くて元気のよいメダカとの競争に負けてしまうのが原因のようです。

繁殖をねらうなら、メダカだけで飼うのが確実です

Q9 熱帯魚とメダカをいっしょにしてもだいじょうぶ？

A ペットショップで売られている熱帯魚は、25℃くらいの水温が適しています。そのため、市販のヒーターとサーモスタットを使用して水温を保つ必要があります。これさえクリアできれば、熱帯魚といっしょに飼育しても、全く問題ありません。小型のカラシンやラスボラ、コリドラスなどの小型ナマズ、ローチ類といった、全長が4～5cm程度でおとなしいものを選べば、水槽も華やかになり、楽しいものです。また、オトシンクルスや、クーリーローチなどの小型ドジョウは、コケや食べ残しの餌の処理係として、水槽を美しく保つのにも役立ちます。

ただし、中には小さくても性格が荒かったり、飼育が難しいものもいるので注意しましょう。熱帯魚の種類は、専門の雑誌や図鑑がたくさんあるので、そうしたもので調べられます。

Q10 違う色のメダカ同士でも繁殖できる？

A メダカはどの改良種でも、野生のメダカからつくりだされた同じ魚です。そのため、ヒメダカと白メダカなど、どんなもの同士をかけ合わせても子供をとることができます。しかし、生まれてくる子供は親とまったく違う色をしていたりして、本来の品種の特徴がなくなってしまうこともあります。いろいろかけ合わせて新しい品種をつくりたい場合をのぞいて、違う品種同士をいっしょの水槽に泳がせるのは、あまりおすすめできません。なお、こうして増えたメダカは個人で楽しむだけにとどめ、他に人に譲ったりすると、混乱の原因になるのでさけた方がよいでしょう。

筆者プロフィール

秋山 信彦（あきやま のぶひこ）

1961年生まれ、静岡県在住。博士（水産学）。東海大学大学院海洋学研究科修了。東海大学海洋学部水産学科教授。大学での主な授業科目には水族繁殖学、水産増殖環境学、水産餌料・栄養学、水産増殖学、魚族初期育成学特論がある。ミヤコタナゴを始めとする希少淡水魚の増殖からアオリイカ、クロマグロなどの海産魚類の陸上養殖に関する研究を進めている。特に淡水魚については幼少の頃から興味を持っており、ライフワークとして様々な種類を飼育し、繁殖させている。採集と飼育が大好きで、春から夏にかけてはチョウを追い求めて山へ、秋から冬は淡水魚を求めて川へ出かけている。研究室ではタナゴ類などの淡水魚、テナガエビ類、マス類、マダイ、カワハギ、クロマグロ、アオリイカなど海産魚類がひしめき合っている。本著では、67、71～74、84～92ページを執筆

山平 寿智（やまひら かずのり）

1968年広島県生まれ。九州大学理学部付属天草臨海実験所で博士（理学）を取得後、フロリダ州立大学客員研究員、九州共立大学工学部講師を経て、現在新潟大学理学部准教授。専門は生態学・進化生物学で、メダカ属魚類の気候適応と種分化について研究している。メダカを求めて、北は青森から南はインドネシアまで飛び回る。著書に「天草の渚－浅海性ベントスの生態学－」（共著：東海大学出版会）、「水産動物の性と行動生態」（共著：恒星社厚生閣）などがある。特技はスキューバダイビング。学生時代、本誌カメラマンの橋本直之氏と一緒に沖縄の海を潜り過ごした。本著では、94～98ページを執筆

赤井 裕（あかい ゆたか）

1963年生まれ。千葉在住。(株)広瀬・国際観賞魚専門学院講師、千葉県立中央博物館学芸研究員、(財)日本生態系協会主任研究員・教育企画室長、専門学校教員などを経て、現在(株)エイチ・ツー・オー・インターナショナルに勤務する傍ら、日本生態系協会客員研究員、環境省希少野生動植物種保存推進員などを務めている。現・東京大学総合研究博物館の新井良一博士に師事し魚類の系統分類を学び、現在までに、中国、ロシア、フィリピン、インドネシアなどへの海外学術調査・学術協力に多数参加。一方で、環境教育分野での社会活動、執筆、自然環境保全・環境教育分野での各省庁プロジェクト委員なども勤めてきた。「都市の中に生きた水辺を」（文一総合出版）、「環境教育がわかる事典」（柏書房）、「滅び行く日本の野生動物50種」（築地書館）、「タナゴのすべて」（マリン企画）（いずれも共著）など、著書多数。本著では、103～107ページを執筆

取 材 ・ 撮 影 協 力 （ 敬 称 略 ）

アクアズーム、アクアフィールド、An aquarium（銀座松坂屋）、湘南アクアリウム、めだか館Part1、めだか本舗、名東水園リミックス、ピーデー熱帯魚センター、ペンギンビレッジ、ヨネヤマプランテイション、世界のメダカ館、小杉ひろみ、田淵俊人、原島 明、吉田徳巨、名古屋市立名東小学校、横浜市 都築民家園、(株)アクアシステム、(株)アクアデザインアマノ、(株)キョーリン、水作(株)、テトラ ジャパン(株)、(有)デルフィス

［編集・進行］ 山田敦史
［撮　　影］ 秋山信彦、石渡俊晴、大美賀　隆、笹生和義、
　　　　　　 田形正幸、橋本直之、アクアライフ編集部
［イラスト］ いずもり・よう
［デザイン］ スタジオB4

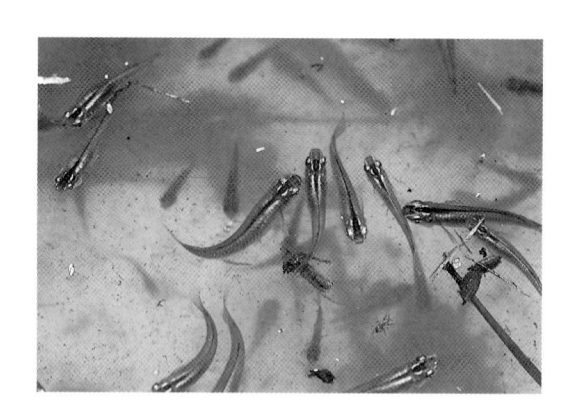

めだかのすべてがわかる
めだかの飼い方 ふやし方

2007年6月1日　初版発行

［発行人］ 石津恵造
［販　売］ マリン企画
　　　　　 〒101-0064
　　　　　 東京都千代田区猿楽町2-2-3　NSビル8F
　　　　　 Tel.03-3294-6991　Fax.03-3294-6099
［発　行］ (株)エムピージェー
　　　　　 〒236-0007
　　　　　 神奈川県横浜市金沢区白帆4-2　マリーナプラザ4F
　　　　　 Tel.045-770-5481　Fax.045-770-5482
　　　　　 http://www.mpj-aqualife.co.jp
［印　刷］ 図書印刷

Ⓒ 株式会社エムピージェー
2007 Printed in Japan

定価はカバーに表示してあります